プロジェクトリーダーから

From the Project Leader

今号は、トロンフォーラムが主催する「TRONプログラミングコンテスト2025」と、公共交通オープンデータ協議会（ODPT）と国土交通省が主催した「公共交通オープンデータチャレンジ2024 - powered by Project LINKS -」を、2大特集として大きく取り上げた。

これらは、対象としている分野はまったく異なるが、コンテストという点で共通している。私はコンテストという手法がオープンアーキテクチャを進めるために非常に重要であると思っている。コンテストに参加するにはまずその対象とするものをよく理解する必要がある。TRONプログラミングコンテストであれば、μT-Kernel 3.0という最新のリアルタイムOSに対しての理解だけでなく、そのOSを搭載している最新のマイクロコンピュータに関しての知識も必要になる。また、公共交通オープンデータのコンテストに参加するには、ODPTが提供するオープンデータのしくみや使い方などを理解していないとデータを扱うこともできないので、応募するにはそうした基本的な理解をまず深めるということが求められる。

つまり、新しいことを勉強するときに「コンテストに応募する」というインセンティブが生まれるということが重要なのである。「理解しないとコンテストに参加できない」ということが大きな原動力となって、最新技術に対しての理解がより深まっていくということが、まず大事なのではないかと思う。TRONプロジェクトでは、常にイノベーションを起こすことを重要視しているので、コンテストで勝つためには、最新技術に対する知識や理解のうえにイノベーティブな新しい発想を展開できる力が必要になってくる。

たとえば「公共交通オープンデータチャレンジ2024」に約500件という多くの応募があったということは、私達のプロジェクトの目的として望ましいことで、たいへん嬉しく思っている。学生から先端の分野で働く若いエンジニアなども含め、応募してくれた人は非常に多彩であった。私は若い人の応募も大歓迎なので、若い人にはチャレンジする気持ちを忘れないでほしいと思っている。もう一つ私が嬉しかったのは、過去4回の「東京公共交通オープンデータチャレンジ」から、継続して応募してくれた人が何人もいたことだ。「継続は力なり」といわれるように、まったく新しい発想の作品を生み出したり、あるいは前回の作品をブラッシュアップしたりして、何回もチャレンジしてくれる人がいることも、私たちのコンテストの趣旨に沿っている。

また「TRONプログラミングコンテスト2025」の特集では、第1回コンテストの入賞者による手記を掲載している。参加のきっかけや、応募にあたってどういうことに気をつけたのかなど、コンテストを勝ち抜くためのポイントが応募者の視点で書かれていて、コンテストに関心がある方にとってたいへん興味深い内容になっている。

最近米国でトランプ大統領が再任したことにより、今までとは違う原理原則のもとで世界のルールがドラマチックに動こうとしている。そういう激動の世界情勢の中で動いていくうえでも、オープンアーキテクチャの考え方というのはとても大切である。なぜなら、オープンアーキテクチャはその基盤となる技術や仕様が公開されているため、誰もがその詳細を理解し、自らの手で検証し、必要に応じて独自に開発や改良を行うことができるからだ。やはり、何事も自分の頭で考えて自分の力でできるようにしておかなければだめだということを示唆している。逆に言えば、誰かの力を借りないとうまくいかないようなものからの脱却を促す考え方でもある。つまりオープンアーキテクチャは、特定の企業や団体に依存することなく、自律的に技術を活用できる環境を提供することで、結果として「自分の力でできる」という状態を生み出すのである。そのためか、最近TRONプロジェクトに関しての関心が高まっており、問い合わせも増えている。私達も、こうした激変する世界の中でも新しいことを生み出す力が削がれないように、努力していきたいと考えている。

坂村 健

TRON プログラミングコンテスト2025 エントリー開始

1月21日

トロンフォーラムでは主要マイコンメーカーの協力のもと、「μT-Kernel 3.0」を用いたアプリケーションやプログラムを募る「TRONプログラミングコンテスト2025」を開催している。

本コンテストは国内外の技術者および学生を対象とし、IEEE世界標準であるTRONのリアルタイムOS「μT-Kernel 3.0」を用いたマイコンのアプリケーション、ミドルウェア、開発環境、そしてツールなどの各分野で競うもので、2024年に続き2回目となる。今回のテーマは「TRON × AI　AIの活用」。AI技術を取り入れた革新的な作品が期待されている。

コンテストの参加エントリー期間は2025年1月21日から4月30日まで。応募者には選考のうえ、μT-Kernel 3.0を搭載した最新のマイコンボードが提供される。

（→P.23「特集2：TRONプログラミングコンテスト2025誌上セミナー」）

https://www.tron.org/ja/programming_contest-2025/

第2回 歩行空間DX研究会シンポジウム

1月23日

「人・ロボットの移動円滑化のための歩行空間DX研究会」は、人やロボットが円滑に移動できる環境をより早期に実現することを目指して、最新の技術や研究事業、取り組みなどに関する情報共有や意見交換を行っている。国土交通省は本研究会の活動の一環として、「第2回 歩行空間DX研究会シンポジウム」を2025年1月23日に東洋大学赤羽台キャンパスINIADホールで開催した。

第1部では国土交通省 政策統括官の小善真司氏による開会挨拶の後、坂村健INIAD cHUB（東洋大学情報連携学 学術実業連携機構）機構長による本研究会の主旨説明、歩行空間の移動円滑化データワーキンググループおよび歩行空間の3次元地図ワーキンググループの座長による各取り組みの紹介が行われた。第2部のパネルディスカッションでは、有識者や行政関係者などを招き、「持続可能な移動支援サービスの普及・展開に向けて」をテーマに闊達な意見交換と情報共有が行われた。

（→P.41「第2回 歩行空間DX研究会シンポジウム」）

https://www.walkingspacedx.go.jp/symposium2024/

「公共交通オープンデータチャレンジ2024 - powered by Project LINKS -」最終審査会・表彰式

2月15日

「公共交通オープンデータチャレンジ2024 - powered by Project LINKS -」の最終審査会・表彰式が2025年2月15日に東洋大学赤羽台キャンパスINIADホールで開催された。本コンテストは公共交通オープンデータ協議会（ODPT）と国土交通省が主催する、公共交通オープンデータを活用した、オープンイノベーションのためのアプリケーションコンテストである。

国内外から寄せられた約500件の応募作品の中から選ばれた17組のファイナリストのプレゼンテーションが行われ、6名の審査員による厳正なる審査の結果、最優秀賞1作品、準最優秀賞2作品、優秀賞4作品、審査員特別賞4作品が発表された。また、このほかに特別賞として東日本旅客鉄道賞（JR東日本賞）、Project LINKS賞、INIAD賞が授与された。

（→P.4「公共交通オープンデータチャレンジ2024 – powered by Project LINKS – 最終審査会・表彰式」）

https://challenge2024.odpt.org/award.html

ODPTウェビナー 2025 〜公共交通オープンデータ協議会のいま〜

2月27日

坂村健東京大学名誉教授が会長を務める公共交通オープンデータ協議会（ODPT）は、「ODPTウェビナー 2025 〜公共交通オープンデータ協議会のいま〜」を2025年2月27日に開催した。

第1部は「公共交通オープンデータの更なる発展に向けて」と題し、ODPTの活動を紹介するとともに、公共交通オープンデータのステークホルダーであるMobilityDataやGoogle マップの取り組み、さらに日本国内の公共交通オープンデータに関するさまざまな事例が紹介された。

第2部では、「公共交通オープンデータチャレンジ2024 – powered by Project LINKS –」の結果報告と、開発者による作品紹介が行われた。

https://www.odpt.org/webinar202502/

「TRON電脳住宅」IEEEマイルストーン認定記念講演

3月6日

1989年に建設された「TRON電脳住宅」が、世界初のスマートハウスとしてIEEEマイルストーンに認定されたことを記念し、坂村健INIAD cHUB機構長による記念講演が2025年3月6日に東洋大学赤羽台キャンパスINIADホールとオンラインのハイブリッドで開催された。

坂村機構長はTRONプロジェクトの最初期からユビキタスコンピューティングやIoTの先駆けとなる「超機能分散システム」（HFDS：Highly Functionally Distributed System）を提唱し、その応用としてTRON電脳住宅を披露した。その後発表された数々の電脳住宅や電脳ビルには、その時代の最先端の技術が多数盛り込まれ、目覚ましい進化を遂げている。2017年に竣工したINIADの校舎「INIAD HUB-1」も、電脳ビルの系譜に連なるものだ。坂村機構長は当時の苦労話や技術的な挑戦、そして現代のスマートハウスにつながる歴史的な道のりを語り、AIの活用によるさらなるIoTの進化を展望した。

https://www.iniad.org/blog/2025/02/04/post-3100/

公共交通オープンデータチャレンジ2024 — powered by Project LINKS —
最終審査会・表彰式

2025年2月15日（土）
東洋大学 INIADホール

「公共交通オープンデータチャレンジ2024 - powered by Project LINKS -」は、公共交通オープンデータを活用した、オープンイノベーションのためのアプリケーションコンテストである。公共交通オープンデータ協議会（ODPT）は2017年より「東京公共交通オープンデータチャレンジ」というアプリケーションコンテストを4回にわたり開催し、東京オリンピック・パラリンピックを控えた「東京」を舞台に、一般の開発者からのアイデアやアプリケーションを募集した。これらを通算して5回目の開催となる本コンテストは、2024年7月から開始され、国内外から約500件の応募があった。

その最終審査会・表彰式が2025年2月15日に東洋大学赤羽台キャンパスのINIADホールで開催された。ソフトウェアエンジニア兼タレントの池澤あやか氏の司会のもと、主催者を代表してODPT会長で東京大学名誉教授の坂村健審査員長と、国土交通省 総合政策局 モビリティサービス推進課／情報政策課 総括課長補佐 Project LINKSテクニカル・ディレクターの内山裕弥氏が挨拶を行った。

続いて、17組のファイナリストによるプレゼンテーションが行われた。短い持ち時間の中で、各組が公共交通データを活用した革新的なアプリケーションやサービスを発表した。

書類審査と最終審査のプレゼンテーションをふまえ、6名の審査員による厳正なる審査の結果、最優秀賞1作品、準最優秀賞2作品、優秀賞4作品、審査員特別賞4作品が発表された。また、このほかに特別賞として東日本旅客鉄道賞（JR東日本賞）、Project LINKS賞、INIAD賞が授与された。

審査員による講評では、坂村審査員長をはじめとした審査員から各受賞作品への評価と今後の展望についてコメントが寄せられた。特に、オープンデータ活用の進展と参加者の技術的成長が高く評価され、次回のコンテスト開催に向けて期待する声が多く上がった。

●過去最大規模のオープンデータコンテスト

本コンテストは、国土交通省の主導するオープンイノベーションのプロジェクト「Project LINKS」と全面的にタイアップした。Project LINKSは、国土交通省の分野横断的なDX推進プロジェクトであり、これまで十分に活用されてこなかったさまざまな行政情報を、大規模言語モデルなどを用いて「データ」として再構築し、オープンイノベーションにつなげるという取り組みだ。

さらに、今回から対象を「東京」から日本全国へと広げ、東日本旅客鉄道株式会社をはじめとした25の鉄道事業者、71の路線バス事業者、226のコミュニティバス、23のフェリー事業者、5社の航空・空港関係事業者、そして2社のシェアサイクル事業者の協力を得たほか、国土交通省が進めるProject PLATEU（プラトー）、国土交通データプラットフォーム、一般社団法人デジタル地方創生推進機構（VLED）、総務省、気象庁、警察庁、国土地理院といったオープンデータ・パートナーとも連携した。

また、交通データに関する世界的な非営利団体MobilityDataも特別協力として参画しており、鉄道やバスなどの公共交通の時刻表に関する国際的な標準フォーマットであるGTFSと、シェアサイクルなどのマイクロモビリティの国際的な標準フォーマットであるGBFSをフィーチャーしている。今回、日本貨物鉄道株式会社（JR貨物）のコンテナ時刻表の鉄道関連情報がGTFS形式で提供されるなど、多種多様なデータが公開され、公共交通分野のオープンデータコンテストとしては、過去最大規模となった。

●結果発表

審査員から結果が発表されると、受賞者は壇上で記念品を授与され、代表者が喜びの声を語った。

まず審査員特別賞が発表され、「オンライン車内アナウンスAOIシステム」（株式会社ケイエムアドシステム）、「CALOCULATE」（同志社大学経済学部宮崎耕ゼミ「チームMIYAZAKI」）、「Annelida」（untitled0.）、「ココいく？」（OTTOPオフ会）の4作品が選ばれた。

続いて、坂村審査員長から優秀賞が発表され、「公共交通分析ツール – SPECTRA PROJECT_（SPECTRA PROJECT）、「GTFS box」（草薙昭彦）、「住みログ」（住みログ）、「メトロファインダー」（東真史）の4作品が選ばれた。急遽設けられた準最優秀賞には「PoiCle / ぽいくる」（チームぽいくる）、「RailroadCrossFree」（金海英・正治咲良・佐藤彰洋）の2作品が選ばれた。

栄えある最優秀賞に選ばれたのは、西片トコトコ探索会の「急がば漕げマップ」。大学で都市計画を学んだ4人のグループによる作品で、首都圏での移動において鉄道よりも自転車を利用したほうが効率的なルートを簡単に検索できるツールだ。登壇したメンバーは「これからデータをさらに充実させていき、それが都市を変える、あるいは都市をより便利にしていくための一助になれば」と抱負を述べた。

さらに特別賞として、JR東日本賞に「丸亀市バス停SNSウェブアプリ「バスかめファン！」」（三菱地所設計＋Pacific Spatial Solutions）と「りちゃぶる（東京版）」（横関倖多・後藤晴）の2作品、Project LINKS賞に「OcRail」（久田智之）と「公共交通分析ツール – SPECTRA PROJECT」（SPECTRA PROJECT）の2作品、INIAD賞に「Annelida」（untitled0.）、「おでかけ提案アプリ まちマッチング」（高木健太）、「Station Area Database Map」（臼井健祐）、「LeafLane-Go the Green Way（LeafLane～地球に優しいナビ～）」（Nam Pham）の4作品が選ばれた。

＊＊＊

坂村審査員長は、5回目となる本コンテストには多種多様なデータを組み合わせた、レベルの高い作品が多数寄せられたと評価。審査のポイントとしてオープンデータの活用、コンテクスト・アウェアネス（状況認識）の活用、完成度などをあげた。特に最終審査に残った作品の技術的成長を高く評価し、「コンテストを通してオープンデータやオープンな考え方についての理解が広がり、日本そして世界に対して貢献できれば本望だ」と、さらなる発展に期待を寄せ、公共交通データのオープン化に向けた活動に対する支援と協力を呼びかけた。

主催者挨拶

坂村 健
公共交通オープンデータ協議会・会長
東京大学名誉教授
INIAD cHUB（東洋大学 情報連携学 学術実業連携機構）機構長

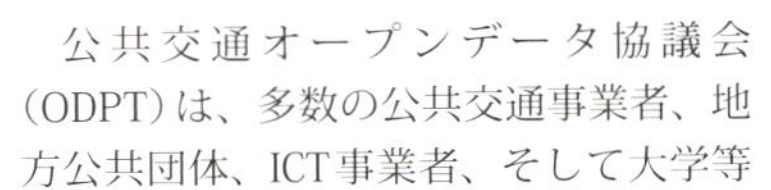

公共交通オープンデータ協議会（ODPT）は、多数の公共交通事業者、地方公共団体、ICT事業者、そして大学等の学術研究機関から構成される協議会です。2015年の設立以来、鉄道、バス、フェリー、航空、シェアサイクルの分野を中心に、日本の公共交通データのよりオープンな流通を目指して活動してきました。

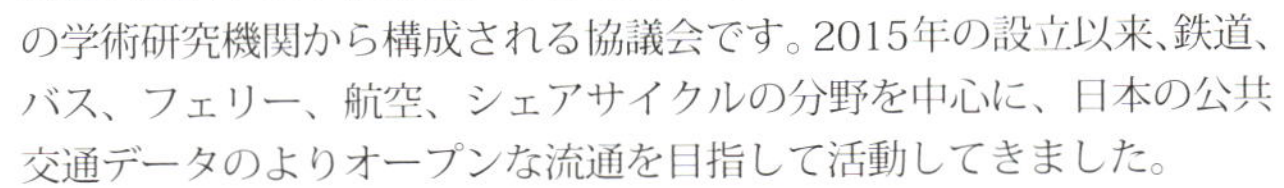

公共交通オープンデータチャレンジは「インセンティブ・プライズ・コンペティション」として開始したアプリケーションコンテストで、これまでに東京をターゲットにした同様のコンテストを、東京オリンピック・パラリンピックの際に計4回開催してきたため、今回が通算5回目の開催となります。公共交通事業者の皆様から、時刻表やリアルタイムな運行状況といったデータを広く公開していただき、それらを活用したアプリケーションを一般の開発者から公募しました。

「インセンティブ・プライズ・コンペティション」とは、特定の課題解決に向けて明確な目標と賞金を設定し、幅広い参加者の参加を促し、作品を募る方式のコンペです。この方式により、従来の研究開発では生まれにくい多様なアイデアの創出や、幅広い専門知識の結集が促進されるということで、この方式は、民間のスペースシップ開発から、自動運転技術の進化まで、多くの分野で大きなイノベーション成果を上げています。

今回の「公共交通オープンデータチャレンジ2024 – powered by Project LINKS –」には、大きく2つの新しい点があります。まず第1に、「東京」が外れ、日本全国を舞台としたコンテストとなったこと。第2に、国土交通省のProject LINKSとタイアップした企画となったことです。結果的に、25の鉄道事業者、71の路線バス事業者、226のコミュニティバス、23のフェリー事業者、5社の航空・空港関係事業者、2社のシェアサイクル事業者の協力を得ることができ、公共交通分野のコンテストとしては過去最大規模となりました。国内外から約500件のエントリーがあり、一次審査で合計17件のファイナリストを選考、最終審査会を経て受賞作品を決定いたしました。

公共交通オープンデータ協議会は、2025年で設立から10年の節目の年を迎えました。その間に、私たちの立ち上げた公共交通オープンデータセンターは、多数の交通事業者の皆様やICT事業者や開発者の皆様に活用されるデータプラットフォームに成長しました。公共交通データをオープンにすることで、乗換案内サービスでの活用はもちろん、さまざまな創意工夫、多様なデータとの組み合わせにより、新しい応用が切り開かれていきます。今回のチャレンジでも、さまざまな魅力的なアイデアが生み出されました。まさに、オープンイノベーションの可能性を、ともに探し出していただくのが、公共交通オープンデータチャレンジの意義だと考えています。

本チャレンジにご参加された開発者の皆様、データ提供にご協力をいただいた交通事業者の皆様や地方公共団体の皆様、そして日頃より我々の活動を支えていただいている多くの皆様に、厚く御礼申し上げます。今後とも、皆様方のご支援のほど、よろしくお願い申し上げます。

内山 裕弥
国土交通省 総合政策局 モビリティサービス推進課／情報政策課 総括課長補佐
Project LINKS テクニカル・ディレクター
PLATEAU アドボケイト 2024
東京大学 工学系研究科 非常勤講師
東京大学 空間情報科学研究センター 協力研究員

「公共交通オープンデータチャレンジ2024 – powered by Project LINKS –」にご参加いただきありがとうございました。

数多くの応募をいただき、新たなアイデアやすばらしい技術に触れることができ、私自身もたいへん勉強になり、刺激を受けることができました。どうもありがとうございました。

また、公共交通の世界におけるオープンデータ推進とイノベーション創出の理念に共感いただき、データをご提供いただける事業者の皆様のご協力があればこそ、このようなチャレンジングな取り組みを実現することができます。

今回のチャレンジを契機として、GTFS等のデータをオープンに提供していただいた事業者の皆様にも改めて感謝申し上げます。

今回のチャレンジは、国土交通省が進める「Project LINKS」と連携し、公共交通オープンデータ協議会との共同主催として開催しました。

Project LINKSは、国土交通分野に存在するさまざまな情報の「データ化」と、これを活用したオープン・イノベーションの創出を進める取り組みです。

今回のチャレンジでは、GTFSをはじめとするさまざまな交通データだけでなく、まちづくりに関するデータや各種の統計データなどが積極的に活用されており、まさしく国土交通分野のデータから新たな価値が生まれる姿を目の当たりにさせていただきました。

また、作品自体も、交通利便を向上させるソリューションだけでなく、「交通空白」の解消や事業生産性の向上、まちづくりとの連携など、昨今の我が国における課題をとらえ、解決策を提示するものが多く、政策的な示唆にも富むものでした。

国土交通省では、引き続きGTFSなど交通情報の標準データの整備とその活用を推進していきます。今回の「チャレンジ」をきっかけに、さらなるイノベーションが生まれることを期待しています。

開催概要

公共交通オープンデータチャレンジ2024 – powered by Project LINKS – は、公共交通オープンデータを活用した、オープン・イノベーションのための、アプリケーション・コンテストです。

鉄道、バス、航空、フェリー、そしてシェアサイクル。公共交通オープンデータ協議会は、国土交通省と連携し、世界一複雑とも言われる、日本の公共交通データのオープンデータ化に、全国規模で取り組んでいます。

データを活用した新サービスの創出、社会課題の解決、そして地方創生 – 世界中の開発者の皆様からの、熱いチャレンジを募集しました。

「公共交通オープンデータチャレンジ2024 – powered by Project LINKS –」開催概要

主　催	国土交通省 公共交通オープンデータ協議会
共　催	INIAD cHUB（東洋大学情報連携学 学術実業連携機構） 東京大学大学院情報学環ユビキタス情報社会基盤研究センター 一般社団法人社会基盤情報流通推進協議会（AIGID）
特別協力	東京都、東日本旅客鉄道株式会社、MobilityData、グーグル合同会社、 YRPユビキタス・ネットワーキング研究所
協　力 （五十音順）	＜鉄道＞ 明知鉄道、伊勢鉄道、小田急電鉄株式会社、京都市交通局、熊本市交通局、熊本電鉄、京王電鉄株式会社、京浜急行電鉄株式会社、相模鉄道株式会社、首都圏新都市鉄道株式会社、西武鉄道株式会社、多摩都市モノレール株式会社、東急電鉄株式会社、東京地下鉄株式会社、東京都交通局、東京臨海高速鉄道株式会社、東武鉄道株式会社、富山地方鉄道、日本貨物鉄道株式会社、函館市企業局、東日本旅客鉄道株式会社、万葉線、山形鉄道株式会社、株式会社ゆりかもめ、横浜市交通局 ＜路線バス＞ あおい交通、青森市企業局交通部、秋葉バスサービス株式会社、阿佐海岸鉄道株式会社、伊豆箱根バス株式会社、糸魚川バス株式会社、羽後交通株式会社、宇野自動車、大島旅客自動車株式会社、小田急バス株式会社、加越能バス、神奈川中央交通株式会社、川崎市交通局、川崎鶴見臨港バス株式会社、関越交通株式会社、関東バス株式会社、北恵那交通、北設楽郡公共交通活性化協議会、京都市交通局、京都バス株式会社、草軽交通株式会社、くしもと観光周遊バス推進協議会、熊野御坊南海バス株式会社、群馬中央バス株式会社、株式会社群馬バス、京王電鉄バス株式会社、京成トランジットバス株式会社、京福バス株式会社、国際興業株式会社、琴参バス株式会社、四国交通株式会社、下津井電鉄株式会社、株式会社上信観光バス、小豆島オリーブバス株式会社、庄内交通、新常磐交通株式会社、生活バス四日市、西武バス株式会社、相鉄バス株式会社、株式会社タケヤ交通、千曲バス株式会社、中紀バス、東急バス株式会社、東京都交通局、東濃鉄道、東武バス株式会社、徳島バス株式会社、徳島バス南部株式会社、富山地方鉄道、永井運輸株式会社、長電バス株式会社、南海りんかんバス株式会社、西讃観光、西東京バス株式会社、日本中央バス株式会社、根室交通株式会社、濃飛乗合自動車（濃飛バス）、バスネット津、浜松バス株式会社、東日本旅客鉄道株式会社、日立自動車交通株式会社、株式会社フジエクスプレス、船木鉄道株式会社、北振バス株式会社、北海道拓殖バス株式会社、南信州地域交通問題協議会（南信州広域連合）、明光バス株式会社、最上川交通、合同会社やんばる急行バス、横浜市交通局、龍神自動車株式会社 ＜コミュニティバス＞ 赤磐市、明石市、秋田市、赤穂市、朝来市、山形県朝日町、富山県朝日町、芦屋町、あま市、有田川町、淡路市、安城市、安中市、飯山市、伊賀市、伊勢市、市川町、一関市、猪名川町、稲城市、揖斐川町、射水市、岩出市、上田市、魚津市、恵那市、奥州市、大泉町、大江町、大垣市、大蔵村、大台町、大町市、山形県小国町、小野市、尾花沢市、小矢部市、遠賀町、海津市、海陽町、鏡野町、掛川市、加古川市、鹿児島市、加西市、笠松町、葛飾区、加東市、香取市、山形県金山町、可児市、鹿沼市、河北町、

嘉麻市、上市町、上勝町、神河町、上郡町、上山市、亀山市、刈谷市、川上村、川崎町、苅田町、木曽岬町、北九州市、北島町、北名古屋市、紀の川市、岐阜市、紀宝町、清瀬市、草津市、郡上市、国立市、熊野市、黒部市、桑名市、甲賀市、神戸市、古賀市、国分寺市、小松市、寒河江市、酒田市、鮭川村、寒川町、佐用町、三条市、静岡市、島田市、上越市、小豆島町、庄内町、白鷹町、新温泉町、新宮町、新庄市、新城市、須恵町、須坂市、すさみ町、洲本市、諏訪市、瀬戸内市、瀬戸市、添田町、高岡市、高砂市、高島市、高山市、宝塚市、田川市、武豊町、多気町、立川市、たつの市、長野県立科町、館山市、立山町、千曲市、知多市、千代田区、知立市、つくば市、津市、土浦市、鶴岡市、つるぎ町、天童市、東員町、東京都中央区、東北町、土岐市、徳島市、徳島市交通局、常滑市、戸沢村、砺波市、鳥羽市、富山市、豊明市、豊岡市、豊田市、長井市、那珂川町、長久手市、豊山町、中津川市、中野市、長野市、長浜市、那賀町、中山町、流山市、南木曽町、名張市、鳴門市、南砺市、南陽市、西尾市、西川町、西宮市、西東京市、西脇市、日光市、日進市、二宮町、入善町、直方市、白山市、階上町、羽島市、早島町、飯能市、東浦町、東近江市、東根市、東村山市、飛騨市、七宗町、日野町、姫路市、平戸市、福崎町、福津市、豊前市、東京都町田市、松阪市、松茂町、松本市、真庭市、真室川町、瑞浪市、瑞穂町、御嵩町、三豊市、南あわじ市、南伊勢町、南知多町、美波町、東みよし町、美濃加茂市、みやま市、みよし市、三好市、宗像市、村上市、村山市、本巣市、守山市、八百津町、野洲市、柳川市、養父市、山形市、山県市、大和郡山市、山辺町、結城市、横須賀市、吉野川市、米沢市、栗東市、和光市、度会町

＜フェリー＞
斎島汽船株式会社、宇和島運輸株式会社、鹿児島市船舶局、九商フェリー株式会社、酒田市定期航路事業所、三和商船株式会社、四国開発フェリー株式会社、新宮町、周防灘フェリー株式会社、種子屋久高速船株式会社、東海汽船株式会社、鳥羽市、鳴門市、日豊汽船株式会社、羽幌沿海フェリー株式会社、姫島村、備後商船株式会社、株式会社富士急マリンリゾート、富士山清水港クルーズ株式会社、マルエーフェリー株式会社、丸文松島汽船株式会社、宗像市、株式会社名門大洋フェリー

＜航空＞
全日本空輸株式会社、東京国際空港ターミナル株式会社、成田国際空港株式会社、日本航空株式会社、日本空港ビルデング株式会社

＜シェアサイクル＞
OpenStreet株式会社、株式会社ドコモ・バイクシェア

オープンデータ・パートナー	PLATEAU、国土交通データプラットフォーム、一般社団法人デジタル地方創生推進機構（VLED）、総務省、気象庁、警察庁、国土地理院

審査

以下の審査員による審査会を実施

審査員長	坂村 健	公共交通オープンデータ協議会 会長、東京大学名誉教授
審査員	内山 裕弥	国土交通省 総合政策局 モビリティサービス推進課／情報政策課 総括課長補佐 Project LINKS テクニカル・ディレクター PLATEAU アドボケイト 2024 東京大学 工学系研究科 非常勤講師 東京大学 空間情報科学研究センター 協力研究員
	伊藤 健一	東日本旅客鉄道株式会社 マーケティング本部 戦略・プラットフォーム部門 MaaSユニット ユニットリーダー
	吉村 有司	東京大学 先端科学技術研究センター 特任准教授
	篠原 徳隆	株式会社ヴァル研究所 執行役員 MaaS事業部 プロデューサー
	別所 正博	INIAD（東洋大学情報連携学部）教授

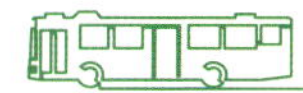

公開したオープンデータ

公共交通オープンデータチャレンジ2024 – powered by Project LINKS – では以下のデータを公開

公共交通オープンデータセンター	公共交通オープンデータ協議会が運営する、公共交通オープンデータのプラットフォームです。 鉄道・バス・フェリー・航空・シェアサイクルのデータを提供しました。 チャレンジ限定で提供されたデータもあります。
鉄道	JR東日本のGTFS形式の時刻表データ、GTFS-RT形式の列車ロケーションデータや運行情報をはじめ、多数の鉄道データが提供されました。
バス	都営バス等のGTFS形式の時刻表データ、GTFS-RT形式のバスロケーションデータをはじめ、多数のバスデータが提供されました。
フェリー	多数のGTFS形式の航路情報データが提供されました。
航空	日本航空や全日空のフライト時刻表やリアルタイム発着情報をはじめ、航空関係のデータが提供されました。
シェアサイクル	ドコモ・バイクシェアとOpenStreet（ハローサイクリング）の、GBFS形式のシェアサイクルのポート情報が提供されました。

連携オープンデータ

後援組織やオープンデータ・パートナーが公開したオープンデータやオープンAPI

• PLATEAU	https://www.mlit.go.jp/plateau/
• 国土交通データプラットフォーム	https://www.mlit-data.jp/
• 歩行空間ネットワークデータ	https://www.hokoukukan.go.jp/top.html
• G空間情報センター	https://www.geospatial.jp/
• 総務省：政府統計の総合窓口（e-Stat）	https://www.e-stat.go.jp/api/
• 東京都：オープンデータカタログサイト	https://portal.data.metro.tokyo.lg.jp/
• 警察庁：交通事故統計情報	https://www.npa.go.jp/publications/statistics/koutsuu/opendata/index_opendata.html
• 気象庁：気象データ高度利用ポータルサイト	http://www.data.jma.go.jp/developer/index.html
• 東京都：工事情報	https://catalog.data.metro.tokyo.lg.jp/dataset/t000014d2000000028

スケジュール

コンテスト実施期間	2024年7月16日（火）～ 2025年3月14日（金）
応募期間	2024年10月1日（火）～ 2025年1月17日（金） 応募終了時刻は 2025年1月17日（金）23:59(AOE) ［日本時間では 2025年1月18日（土）20:59(JST)］
最終審査会・表彰式	2025年2月15日（土）　東洋大学 INIADホール（赤羽） URL：https://challenge2024.odpt.org/award/

公式サイト　https://challenge2024.odpt.org/

審査員講評

坂村 健
公共交通オープンデータ協議会・会長
東京大学名誉教授
INIAD cHUB（東洋大学情報連携学 学術実業連携機構）機構長

今回の「公共交通オープンデータチャレンジ2024 – powered by Project LINKS –」は、私たちが主催したコンテストとしては、通算5回目となります。事前の想定を超えてすばらしい作品が寄せられ、最終審査会の過程で急遽、準最優秀賞も設定することになりました。

厳正なる審査の結果、最優秀賞に選ばれたのは西片トコトコ探索会の皆様による「急がば漕げマップ」という作品です。公共交通オープンデータセンターが公開する鉄道関連のデータとシェアサイクル関連のデータに加え、さらに交通センサスのデータを組み合わせ、鉄道を使うよりも自転車を活用したほうが良いルートを探すことができるものです。明確な課題設定があるほか、オープンデータの組み合わせの点でも優れた作品であり、最優秀賞に選ばれました。

続く準最優秀賞には、GTFSリアルタイムを活用し、駅や停留所など特定の場所に接近をしたときに通知を行う「PoiCle / ぽいくる」と、列車ロケーションデータを活用して、踏切による停止確率を推定し可視化する「RailroadCrossFree」の2作品が選ばれました。どちらもリアルタイムデータの新しい活用方法を提案する、優れた作品だと思います。

その他、優秀賞には、「公共交通分析ツール - SPECTRA PROJECT」「GTFS box」「住みログ」「メトロファインダー」の4作品が選ばれました。審査員特別賞には、各審査員のイチオシの作品として、「Annelida」「オンライン車内アナウンス AOIシステム」「CALOCULATE」「ココいく？」の4作品が選ばれました。

今回のチャレンジでは、過去のチャレンジにも参加した開発者の皆様の新しい作品や、若い学生の皆様の作品も目立ち、公共交通オープンデータを応援する若いコミュニティの立ち上がりを実感しました。本チャレンジを通じて、公共交通オープンデータの新たな使い道が広がり、公共交通の利用者にとっても、また公共交通を支える事業者にとっても、より良い社会を創りだす一助となることを期待しています。

内山 裕弥
国土交通省 総合政策局 モビリティサービス推進課／情報政策課 総括課長補佐
Project LINKS テクニカル・ディレクター
PLATEAU アドボケイト 2024
東京大学 工学系研究科 非常勤講師
東京大学 空間情報科学研究センター 協力研究員

今回のチャレンジでは、たいへん多くの優秀な作品を応募いただき、審査に難儀しました。公共交通分野におけるオープンデータ化の推進と、地域交通やまちづくりにおける課題解決のためのイノベーション創出という国土交通省の観点から、私は特に3つの作品に注目しました。

審査員特別賞に選定させていただいた「オンライン車内アナウンス AOIシステム」は、GTFSを用いてバス車内の音声案内をクラウド化したものです。バス車載システムの複雑さ、モダナイズが課題となっている現状に対し、軽量化と広告利用などによる新しい価値創造を達成しています。また、ノーコード管理ツールや自動音声生成の提供など、非常に高度なソリューションを実現しており、今後の発展も大いに期待されます。

次に「Project LINKS賞」としては、「SPECTRA PROJECT」と「OcRail」を選定いたしました。

「SPECTRA PROJECT」は、GTFSやGBFSに加えさまざまな統計情報などをWebGIS上で可視化するツールですが、特に注目すべきは、その軽量性とUXです。自治体職員などITに精通していないユーザを想定し、ストレスなくデータ活用を導入できる本作品は、まさに今の地域交通に求められているソリューションだと感じました。

「OcRail」は、Project LINKSがJR貨物様と連携して提供した、GTFS形式の貨物列車データを活用した作品です。データ可視化の工夫に加え、仕様へのフィードバックを通じてデータ品質の向上にも貢献していただきました。

ほかにも、「Station Area Database Map」や「Annelida」をはじめ、多くの優れた作品に触れることができました。

いずれも、私が着目しているのは、実装力とUXの融合です。OSSの普及や大規模言語モデルにより「とりあえず動くものを作る」ことへのハードルは下がりましたが、「本当に使えるもの」を作ることの技術的な競争性は上がっています。今回のチャレンジでは、公共交通の世界における技術水準の高さを感じました。

「公共交通オープンデータから始まるイノベーションを」国土交通省では、引き続きオープンデータの拡充とイノベーション創出のための環境整備を進めていきます。

皆様のさらなる挑戦を期待しております。

伊藤 健一
東日本旅客鉄道株式会社
マーケティング本部
戦略・プラットフォーム部門
MaaSユニット ユニットリーダー

公共交通は地域の生活者や、地域を訪れる方々の文化・経済をはじめさまざまな活動を支える、重要な社会インフラであります。さまざまなモビリティから最も効率的なモビリティを選択して効率的に移動するケースもありますし、移動の最中に、音楽を聴いたり、動画を見たりしながら、くつろいだ時間をすごすこともあります。国籍を問わず、現代人とモビリティは密接な関係を築いています。

今回の「公共交通オープンデータチャレンジ2024 – powered by Project LINKS –」では、そのような現代人とモビリティとの関係性を反映し、日常の生活に価値を加えるすばらしいアイデア、ビジネスの種が作品として披露されました。中でも、「CALOCULATE」「丸亀市バス停SNSウェブアプリ『バスかめファン！』」「りちゃぶる（東京版）」の3つの作品は、コンテストの主眼であるデータ活用をベースに、それに加えて「日常の困りごと」を基点に考え、導き出された解決策や、日常生活と移動に新しい楽しみを加えることによる価値の創出がなされておりました。最新のテクノロジーを理解し活用しつつ、温故知新ともいうべき、ヒトならではのクリエイティビティが発揮されておりましたことを、たいへん嬉しく思います。

これまでの公共交通オープンデータチャレンジを通じて、交通系データをはじめとするさまざまなデータを活用し、多種多様なアイデアを創出された応募者の皆様の努力に感謝申し上げますとともに、今後ますます顕在化していくさまざまな社会課題が、ここにご参加されました皆様の英知で解決され、新しい世の中が切り開かれ、皆様の未来が豊かになっていきますことを祈念いたします。

吉村 有司
東京大学 先端科学技術研究センター
特任准教授

「公共交通オープンデータチャレンジ2024 - powered by Project LINKS -」の審査に初めて関わらせていただきました。事前に「公共交通のデータを用いたハッカソン」とお聞きしていたので「交通分野の提案が多いのかな？」と思って会場に足を運んだところ、蓋を開けてみたら都市系やまちづくり系の提案が多くてびっくりしました。

最優秀賞に輝いた作品「急がば漕げマップ」は、電車と自転車の移動の選択をゲーム感覚で楽しむものに仕上がっていたし、「PoiCle / ぽいくる」は電車から海がちらりと見える場所を教えてくれるなど、都市を楽しむ視点がセンス良く盛り込まれていました。「Annelida」は最短ルート検索などとは違った視点で都市を分析する可視化の技術などに力を入れていました。

交通データを拠り所にしながらも、さまざまな分野の方々が多様な角度から多くの提案をしてくださっているのをみて、都市計画・まちづくりを専門とする研究者としてとても勇気をもらいました。

概して都市とはたくさんの人たちが住むところです。我々は集まって住むことに喜びを見出すために都市をつくってきました。そしてそのように高密度に集まって住む中においては、文化のカオリ高い生活の質が欠かせません。今後の都市、そして今後の都市デザインは、そのような市民生活の質を高めるためにこそデータを使っていくべきであり、それはデータの最適化とともに、データの最適化からはこぼれ落ちてしまうようなところにヒントがあるのではないでしょうか。

今回応募いただいた多数の提案のなかには、そのような問いを深められるキラリとひかる提案が数多くあったと思います。データを軸にしてみんなで街をつくっていく、みんなで街を育てていくという視点。

審査する我々の側も心躍る、そんな審査会であったことを記しておきます。

篠原 徳隆
株式会社ヴァル研究所 執行役員
MaaS事業部 プロデューサー

「公共交通オープンデータチャレンジ2024 - powered by Project LINKS -」にご参加いただいた皆様、お疲れ様でした。

顕在課題として存在するもの、潜在課題を見つけ出そうとするもの、またはビジネスとしてこれからProduct/Market Fitを目指すものと、皆さんさまざまなアプローチからチャレンジされていることに刺激を受けました。

経路探索の観点では「急がば濇げマップ」「メトロファインダー」「ココいく？」は利用シチュエーションが共感できるもので、いかにわかりやすくユーザ課題を解決するかに取り組んだものでしたし、リアルタイムデータの観点でいえば「RailroadCrossFree」「PoiCle / ぽいくる」は、動的データをいかに「今」に活用するかというアイデアで気づきを得られました。

一方で、すでにビジネスとして取り組まれている「オンライン車内アナウンス AOIシステム」は、オープンデータを利用したデジタル化（自動化 / 動的化）・ビジネス化の成功事例として期待できるものでした。

どれも魅力的なユーザバリューを含んでおり、今後も続けていただきたいと感じるものばかりです。

データをどう使ってどのような価値に、どのようなユーザビリティにつなげるか、成功事例が世の中を牽引していくかと思いますので、皆様のこれからに期待させていただきたいです。

ありがとうございました。

別所 正博
INIAD（東洋大学情報連携学部）教授

多数の応募作品が寄せられた今回のチャレンジですが、見事入賞した作品についても、残念ながら入賞を逃した作品についても、非常に完成度の高い作品が多かったことに驚きました。過去４回の「東京公共交通オープンデータチャレンジ」では、まだアイデア段階といった作品も見受けられましたが、今回は細部まで作り込んである完成度の高い作品が大半を占めました。ChatGPTをはじめとした生成AIをアプリケーション開発において積極的に活用したという声もお聞きしており、今回の完成度の背景には、このような技術の発展もあったのだろうと思います。今後の技術進展とともに、公共交通データの活用もさらに進んでいくことを期待しています。

オープンデータチャレンジの醍醐味は、異なるデータの「組み合わせ」による、新たな課題解決の方法を見つけることにあると思います。最優秀賞の「急がば濇げマップ」における、シェアサイクルと鉄道のデータの組み合わせは、正攻法のすばらしいアプローチだと思います。準最優秀賞の「PoiCle / ぽいくる」における、公共交通オープンデータと標高モデルを組み合わせた“海が見える場所の通知”も、すばらしいアイデアだと思いました。ほかにも、多数のすばらしい「組み合わせ」の着想があり、開発者の皆様の創意工夫を感じました。

また今回のチャレンジでは、世界的にも普及が進むGTFSのデータが多数公開されています。その中で、高品質なGTFSビューア「GTFS box」がオープンソースで公開された点も印象に残りました。

今後のチャレンジでは、障碍のある方の移動支援に着目した作品が生み出されることも、個人的には大いに期待しています。最終審査会での「RailroadCrossFree」の発表の中で、歩行者移動支援への展開を考えているというコメントもありました。歩行空間ネットワークデータをはじめ、移動に関するバリアフリー関連情報のオープンデータ化も進展しています。ぜひ、公共交通オープンデータと、これらのデータも組み合わせ、より多くの方が便利に移動できる社会の実現につなげていただければと思います。

受賞作品紹介

急がば漕げマップ

西片トコトコ探索会

シェアサイクルと鉄道を組み合わせた最適ルートを発見

「急がば漕げマップ」は、首都圏での移動において鉄道よりも自転車を利用したほうが効率的なルートを簡単に検索できるツールです。このマップを使用すると、出発駅を指定することで目的地までの平均所要時間を、鉄道とシェアサイクルの組み合わせと鉄道のみの場合で比較表示します。特に、シェアサイクルを併用することで時間短縮が可能なルートでは、その短縮時間も示されます。これにより、ユーザは従来の乗換案内では見つけられない効率的な移動手段を見つけることができます。また、自転車が利用されるポテンシャルの高いルートも表示することで、潜在能力の高いシェアサイクルルートを特定し、自治体や交通事業者にとっても、マーケティングや政策策定に役立てられる情報を提供します。

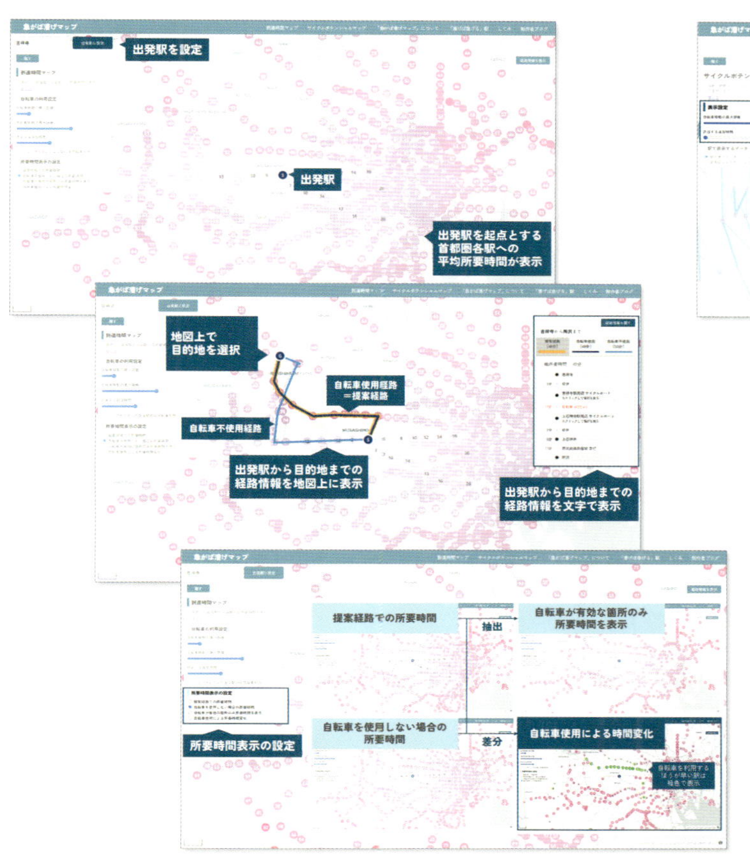

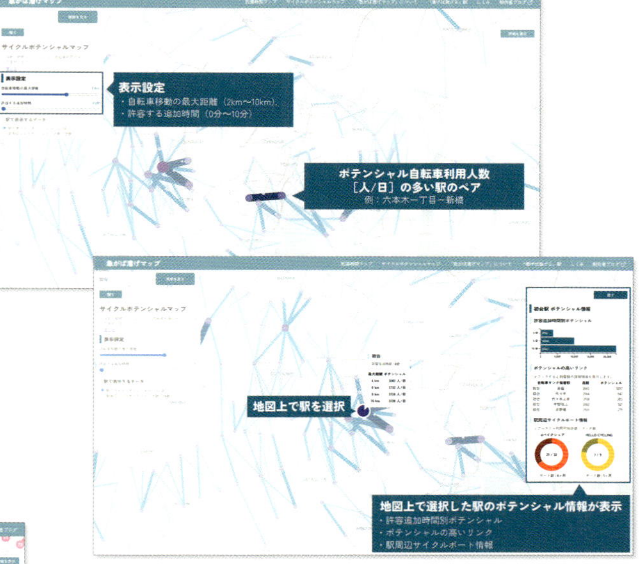

000222B0

[App：Web]
https://nishikata-tokotoko.github.io/cycle-shortcut-map/

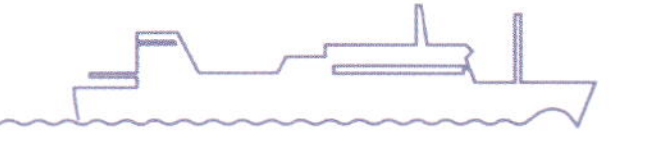

準最優秀賞

PoiCle / ぽいくる

チームぽいくる

公共交通のリアルタイムデータを使ったアラームアプリ

PoiCleはGTFS-RTベースの通知システムです。実際の運行状況に基づいて、駅･停留所･特定の緯度経度（さまざまなPOIを想定）に列車・バスが接近した際に通知を送ることができます。

私たちは専用アプリ「ぽいくる」とWebアプリを公開しており、2つのアラーム機能を提供します。1つ目は、駅・停留所に近づくとアラームが鳴る機能で、専用アプリでは振動･鳴動も実装しています。通知先のWebサービスを自由度高く設定でき、簡単な外部連携でチャット通知や家電操作への応用も期待できます。ODPTでのGTFS-RT提供路線の大半に対応しており、遅延も反映されて適時に通知が来ます。

2つ目は、海が見えるエリアで通知を送る機能です。海が見えるエリアを独自のアルゴリズムで算出し、やんばる急行バスと横浜市営バスあかいくつ線で実装しました。なお、沖縄のやんばる急行バスでは、実車にリーフレットを搭載した実証実験も行いました。

000222B1

[App：Android]
https://play.google.com/store/apps/details?id=window_grapher.com.alarm

準最優秀賞

RailroadCrossFree

金 海英･正治 咲良･佐藤 彰洋

踏切による停止確率推定値の見える化サービス

「RailroadCrossFree」は、踏切による停止確率を推定し可視化するサービスです。踏切における待ちを避ける意思決定を支援するために開発されたデータアプリケーションです。利用者は地図上で、列車運行情報から踏切開閉率予測値、駅ごとのリアルタイム列車数、過去の開閉率予測の記録を確認できます。開閉率は赤から緑までの色で直感的に示され、待ち時間の把握を容易にします。現在、京急電鉄本線の特定区間内にある50の踏切に対応しています。本アプリケーションにより、ユーザは踏切データをすばやく取得し、効率的な移動経路を検討することが可能になります。

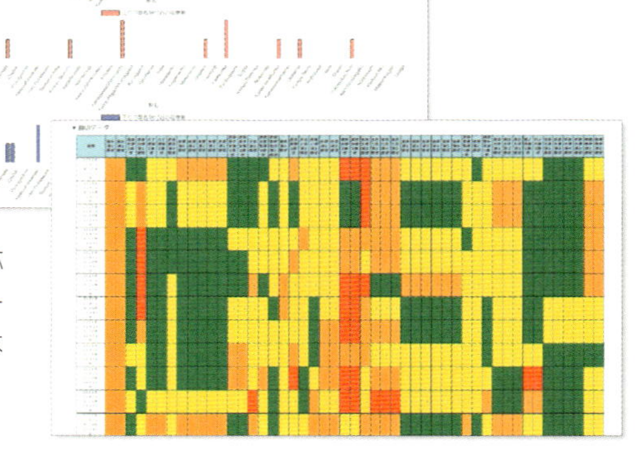

000222B2

[App：Web]
https://www.meshstats.net/meshstats/demo_projectwiki.php?projecttype=RailroadCrossFree&projectname=RailroadCrossFreeproject

優秀賞／Project LINKS賞

公共交通分析ツール - SPECTRA PROJECT

SPECTRA PROJECT

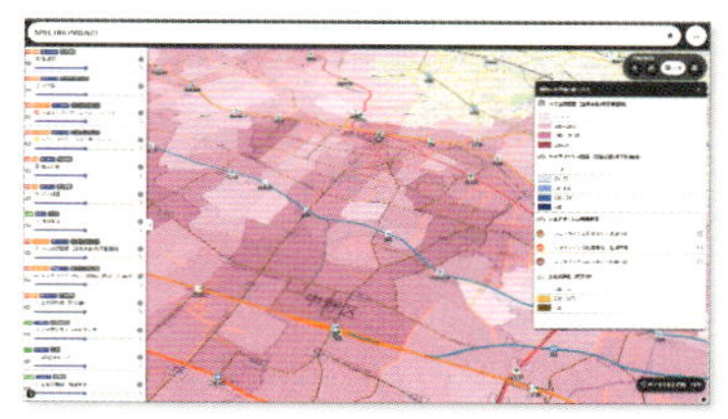

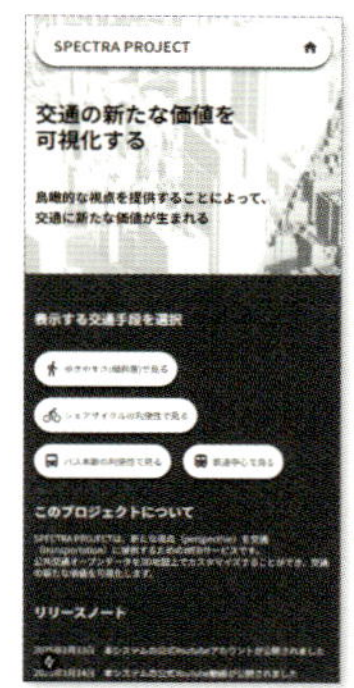

3Dマップを活用した交通利便性の可視化サービス

徒歩・シェアサイクル・バスなどのオープンデータを独自に分析した交通利便性指標と、鉄道などの各種交通機関、3D都市モデルPLATEAUをマップ上で重ね合わせ、総合的･定量的に可視化できるWebサービスです。自治体では、交通計画･都市計画の検討･評価ツールとして活用できます。市民にとっては、まちの価値（交通利便性など）を再認識・移り住むことで、まちの世代交代を後押しするという狙いがあり、また、災害時や鉄道の運転見合わせ時に、適切な避難方向や交通手段の選択を支援するツールとしても活用が期待されます。

000222B3

[App：Web]
https://traffic.quantum-rabbit.net/

優秀賞

GTFS box

草薙 昭彦

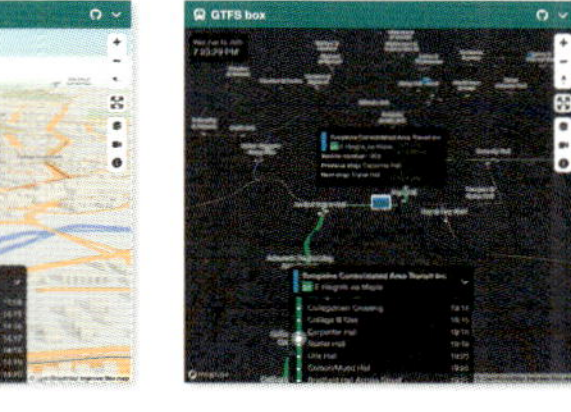

リアルタイム公共交通ビューア

GTFS boxは、GTFS/GTFS Realtimeのデータを利用して、世界中の公共交通機関の運行状況をリアルタイムで3Dマップ上に表示するWebアプリケーションです。Mini Tokyo 3Dライブラリを使用したこのツールは、事前登録されたデータセットを選択、あるいは任意のデータURLを入力して表示できます。GitHubで公開されています。

000222B4

[App：Web]
https://nagix.github.io/gtfs-box

住みログ

住みログ

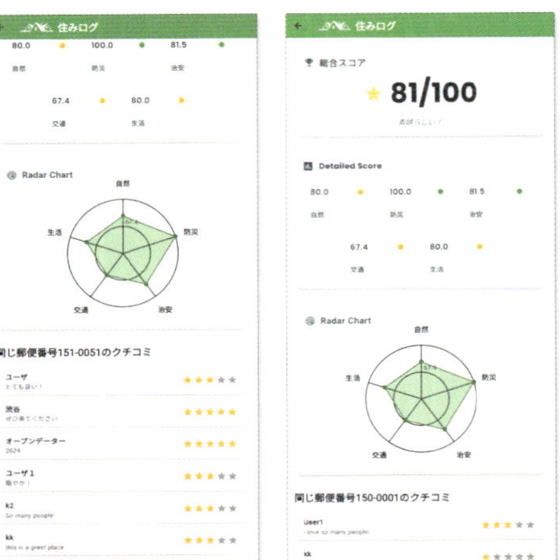

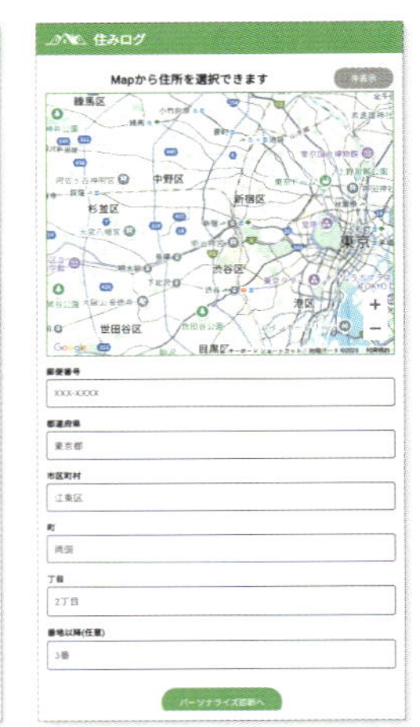

引越し先選びをサポートする革新的アプリ

「住みログ」は、引越しの際の不安や情報不足を解消するために開発されたアプリです。このアプリは、引越し希望者が新しい生活環境を客観的に評価できるよう、「自然」「治安」「災害」「交通」「生活」という５つの観点でエリアをスコア化します。また、現地の住民からの口コミを閲覧することで、より具体的なエリアの特徴を理解する手助けをします。これにより、引越し先に関する情報格差をなくし、不安を軽減することを目的としています。そして、住みログを通じて、すべての人が安心して新しい生活を始められる社会の実現を目指しています。このアプリは、豊かで安全なコミュニティ形成に貢献し、未来の暮らしを創るサポートを提供します。

000222B5

[App：Web]
https://sumilog.github.io/

優秀賞

メトロファインダー

東 真史

ロゴにかざすだけで、東京の地下鉄が丸わかり！

メトロファインダーは、スマートフォンのカメラを東京の地下鉄路線のロゴにかざすだけで、運行情報や路線情報、時刻表などを即座に表示する便利なアプリです。端末内で動作する検出モデルを活用し、高速かつ安全にロゴを認識。実物さながらのデザインで路線を確認できるので安心です。さらに、文字入力を必要としないノンバーバル検索を導入しているため、言語の壁を気にせずご利用いただけます。東京での地下鉄移動を、よりスムーズにサポートする新しい手段としてお試しください。

000222B6

[App：iOS]
https://apps.apple.com/jp/app/%E3%83%A1%E3%83%88%E3%83%AD%E3%83%95%E3%82%A1%E3%82%A4%E3%83%B3%E3%83%80%E3%83%BC/id6738628342

審査員特別賞／INIAD賞

Annelida

untitled0.

見えない世界の絵本

Annelidaは、公共交通システムを生態系として再解釈し、交通空白地帯や交通網の多様性を可視化するアプリケーションです。地方公共交通計画にはGTFSデータの活用が有効ですが、専門知識や高度なデータ処理技術が求められるため、多くの自治体で十分に活用されていません。Annelidaは、地理情報に時間軸や属性データを統合したGTFSデータを活用し、路線やダイヤを考慮した交通利便性評価を行います。交通流動を「ミミズと微生物の生態系」に例えたビジュアル表現を採用し、交通の現状や課題をわかりやすく示します。政策意思決定者への情報提供だけでなく、地域社会における共通言語を形成し、交通政策への理解と合意形成を促進します。

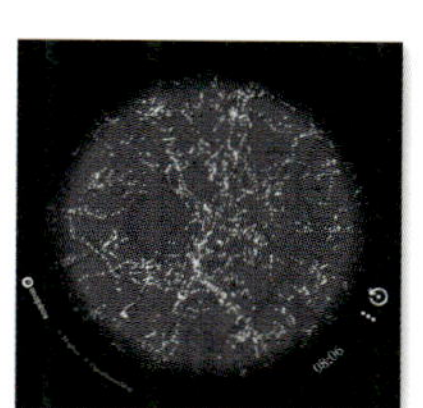

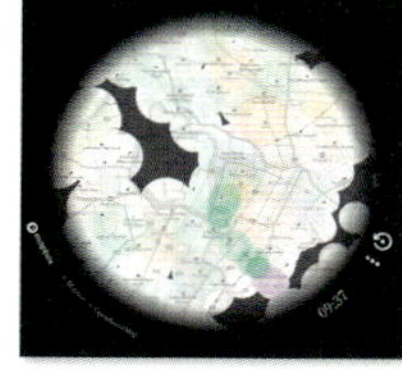

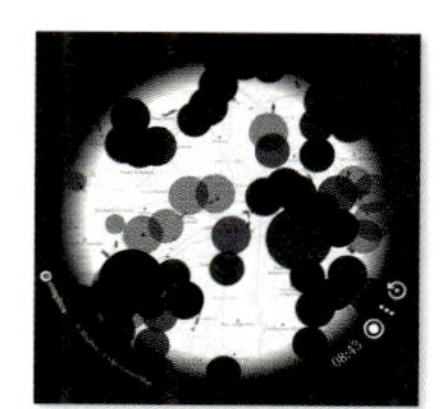

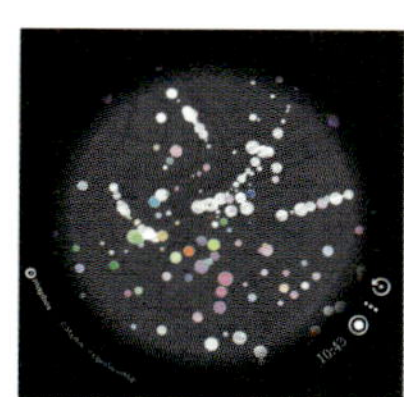

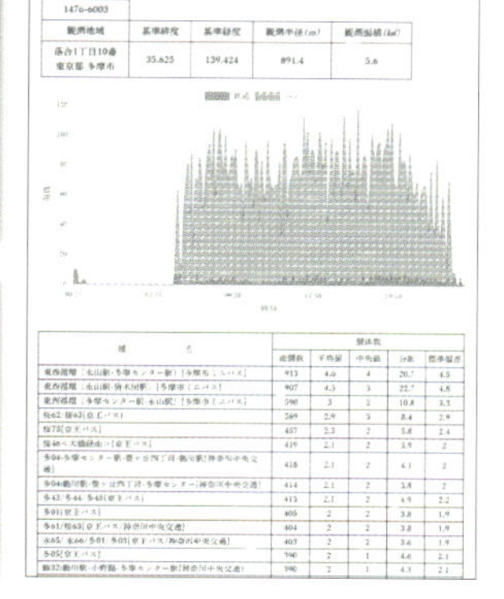

000222B7

[App：Web]
https://mimizu.onrender.com/

審査員特別賞

オンライン車内アナウンス AOIシステム

株式会社ケイエムアドシステム

バス車内アナウンスのリアルタイム化と広告販売システム

本作品は、バスの車内アナウンスをスピーディに更新・管理できるWebシステム「AOIシステム」といいます。従来の事前収録方式から脱却し、サーバーとバス車載機器をオンラインで接続することで、音声データを迅速に更新可能にします。さらにGTFSとの連携により、放送データの作成を効率化し、バス事業者の作業負担を軽減します。音声はナレーターの肉声から人工音声に切替えることで、収録の工程を省き、必要な情報をリアルタイムで乗客に提供することを可能としました。また、日本初となるWeb申し込みによるアナウンス広告販売を実現し、広告掲出の自由度を高めることで、クライアント数の増加が期待されます。

※公開作品は、実証実験時のデータをそのまま利用しているため完売期間・区間がありますが、2025年7月1日以降を設定すれば、すべての区間で申し込み可能です。

バスアナウンスをＤＸ化する３つの機能

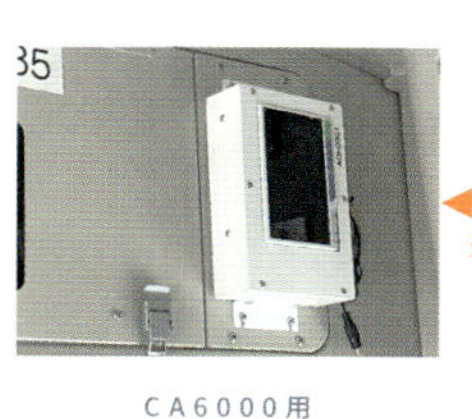
CA6000用
車載器アタッチメント
※CA9000には不要

連動

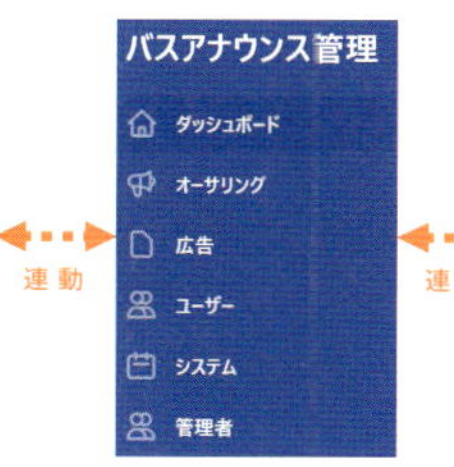

バス音声
オーサリングシステム

連動

広告販売サイト

注入の解決　**編集**の解決　**申込**の解決

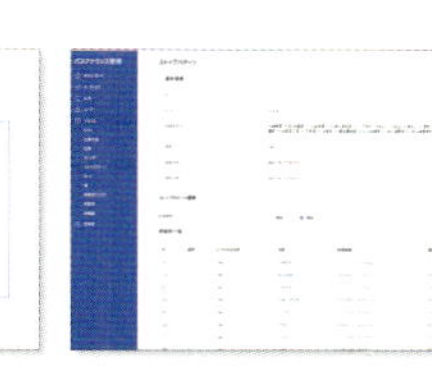

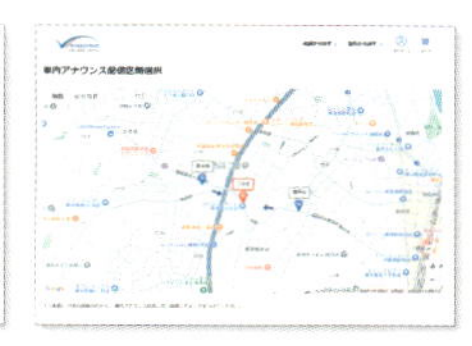

000222B8

[App：Web]
https://test.aoi-system.com/

審査員特別賞

CALOCULATE

同志社大学経済学部宮崎耕ゼミ「チームMIYAZAKI」

AIとMETsでカロリー管理を支援するアプリ

CALOCULATEは、運動不足と過剰なストレスという現代の社会問題に対抗するために開発されたアプリです。移動時の消費カロリーをMETsで、飲食店での摂取カロリーをAIで予測し、カロリー収支を視覚化します。また、京都バスの混雑状況データを活用し、消費カロリーを予測して休息を促進します。これにより、食生活改善、運動促進、疲労軽減が期待され、健康寿命の延伸に寄与します。

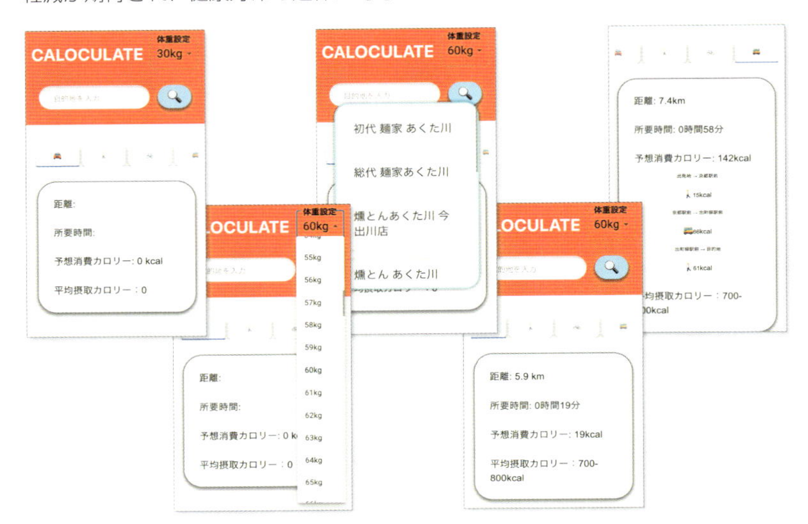

000222B9

[App：Web]
https://next-calorie-app.vercel.app/

ココいく？

OTTOP オフ会

目的地まで行くバスを即座に判定できるアプリ

バス停で待っている際に、今来たバスが目的地の方向に行くかどうか悩むことがあります。そこで、このアプリでは、現在地から目的地まで行くバスがあるかを簡単に判定できる機能を提供しています。公共交通オープンデータを活用して、ユーザが迷わず乗るべきバスをすばやく判断できるように設計されています。

000222BA

[App：Web]
https://kokoiq.app.ottop.org/

JR東日本賞

丸亀市バス停SNSウェブアプリ「バスかめファン！」

三菱地所設計 ＋ Pacific Spatial Solutions

丸亀市の公共交通と地域活性化アプリ

バスを楽しみ（fun）、丸亀のファン（fan）の輪を広げる『バスかめファン！』は、香川県丸亀市内のバス停についての要望や周辺スポットのシェアしたい情報を投稿したり、「いいね」することで、各バス停に住むキャラクター「かめ丸」をみんなで育てる、ゲーム要素を持ったウェブアプリです。

『バスかめファン！』は、地域住民・交通事業者・行政・観光客などの多様なステークホルダーをつなぐ情報のプラットフォームとなり、バスや地域の魅力を発掘・発信します。また、「投稿」、「いいね」によりそこでの活動や情報を広く共有し、コミュニティの強化や実際の施設整備への活用、バス利用を伴う生活や観光の活性化を図ります。

アプリを楽しみながら使うことで、こどもからおとなまで、公共交通利用者のすそ野を広げ、地域の活性化を図る、新たなまちづくりの取り組みの一環となることを目指します。

0009222B [App：Web] https://buskame.jp/

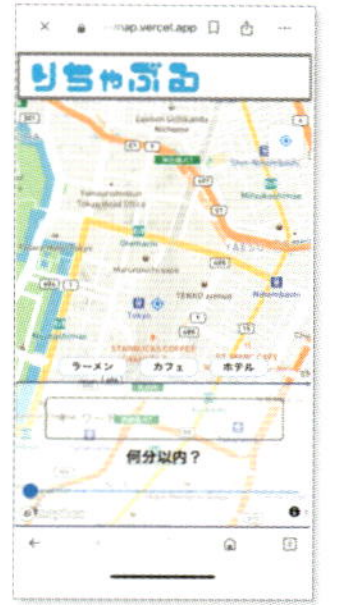

りちゃぶる（東京版）

横関 倖多・後藤 晴

時間基準で新しい移動体験を提供する検索エンジン

「りちゃぶる」は、目的地までの所要時間に基づいて到達可能な場所を一覧表示する時空間検索エンジンです。都心部では鉄道やバスが複雑に絡み合っており、高頻度の運行も相まって利便性が高まっています。従来の地図では気付かなかったエリアや店舗の発見を可能にし、公共交通を使った行動範囲の拡大をサポートします。これにより公共交通の利用促進や地域活性化に寄与します。通勤や観光、買い物などのシーンで移動を便利にし、日々の生活に新しい価値を提供します。

000222BC [App：Web] https://reachable-map.vercel.app/

Project LINKS賞

OcRail

久田 智之

JR貨物流通網を愛でる地図アプリ

JR貨物の流通ネットワークを視覚化し、鑑賞できる地図アプリを開発しました。公開されているGTFSデータは、そのままでは活用しにくい部分もあったため、裏側で分解・再構成し、視認性と利便性を向上させた点が最大の特徴です。この過程を通じて、オープンデータのさらなる活用を促進するため、GTFS規格の「貨物専用」拡張の策定を提案します。貨物輸送の詳細な属性情報を追加することで、流通経路の分析が容易になり、物流の効率化や環境負荷の低減にも寄与します。公共交通オープンデータの発展を促し、より良い社会の構築に貢献したいと考えています。

000222BD [App：Web] https://ocrail.tomap.app/

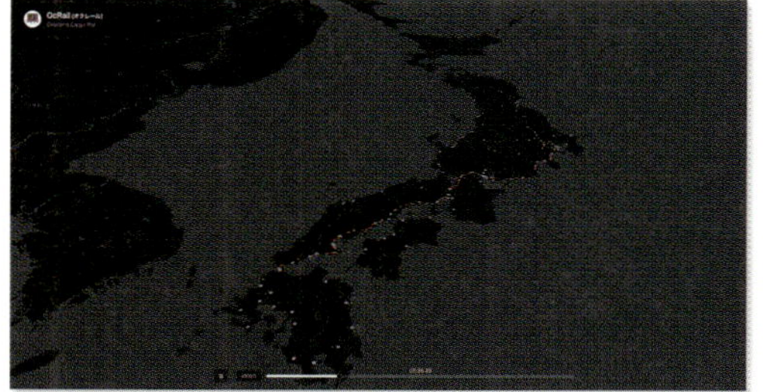

INIAD賞

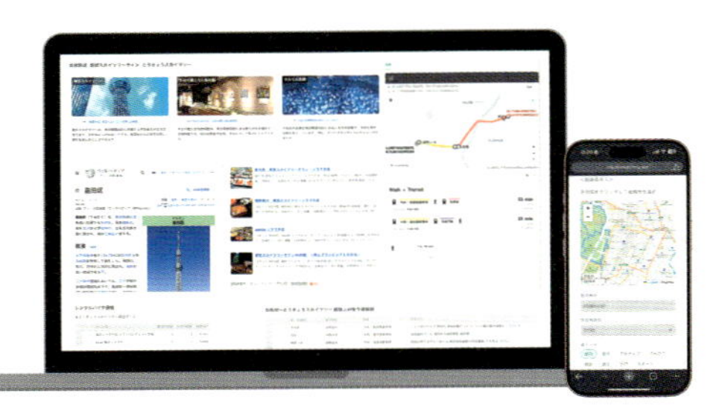

おでかけ提案アプリ まちマッチング

高木 健太

新しいおでかけ提案で地域を活性化

「まちマッチング」は、公共交通を利用してユーザと地域を結ぶおでかけ提案アプリです。出発地やおでかけテーマを入力すると、テーマに合った目的地をランダムに提案、おでかけ先探しにワクワク感をプラスします。おすすめの観光スポットや飲食店情報を提供するとともに、多様な交通手段を用いたドアツードアの経路検索が可能です。また、スマートフォンにも対応し、外出先でもご利用いただけます。目的地ランダム提案による観光客の分散や地域の活性化、公共交通の積極利用によるカーボンニュートラル社会の実現を目指します。

000222BE

[App：Web]
https://machi-matching.net/

Station Area Database Map

臼井 健祐

日本全国の駅周辺のオープンデータを可視化した「データベース×マップ」アプリ

本アプリは、日本全国の駅別のオープンデータ（乗降者数、人口、地価、バス停数、事業所数、従業者数）を駅からの半径別（1・2・5・10km）に可視化した「データベース×マップ」のWebアプリです。以下3点の機能により、誰でも簡単にデータ活用（例：自治体の行政判断や個人の住宅購入）できるアプリです。

1. 各駅周辺のオープンデータを一括表示：
   地図上の駅マーカーをクリックすると、当該駅の上記オープンデータの年別推移のグラフや運行事業者名、路線名を表示します。
2. ランキング
   上記オープンデータを選択して、上位・下位20位のランキングを都道府県別に表示します。
3. 増減率のグラフ
   上記オープンデータから自由に2軸を選択して、都道府県別に散布図を作成し、各駅を4つのグループにクラスタリングして可視化します。

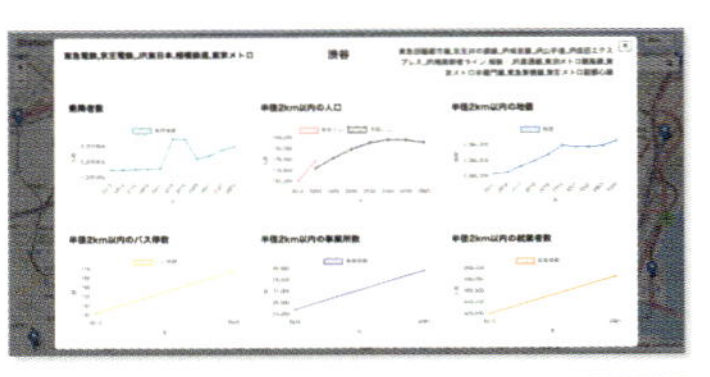

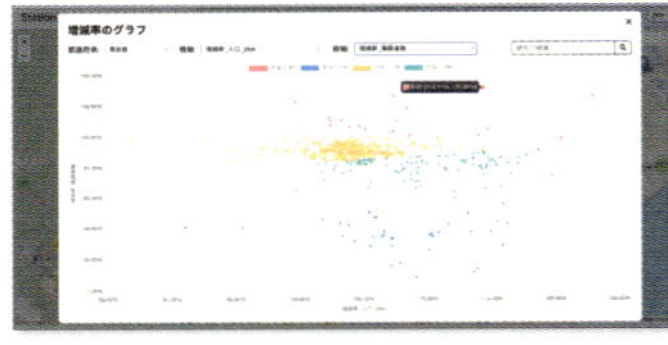

000222BF

[App：Web]
https://station-area-database-map-e3cf888068c6.herokuapp.com/

LeafLane - Go the Green Way
（LeafLane ～地球に優しいナビ～）

Nam Pham

環境に優しいナビアプリ「LeafLane」でカーボンフットプリント削減

LeafLaneは、温室効果ガス（GHG）排出量を考慮した交通手段を提案するiOS用のナビゲーションアプリです。ユーザは交通手段ごとのGHG排出量を理解し、環境への影響を考慮して移動方法を選択できます。選択したルートや交通手段に基づき、排出量が記録・蓄積され、レポートとして閲覧可能です。これにより、利用者は環境配慮型の選択が容易になり、持続可能な未来の実現に寄与します。LeafLaneは公共交通機関から個人の移動手段まで多様なデータを統合し、シームレスで快適な移動体験を提供します。環境への配慮を始めるのに特別な準備は不要で、簡単にカーボンフットプリントを減らすことができます。

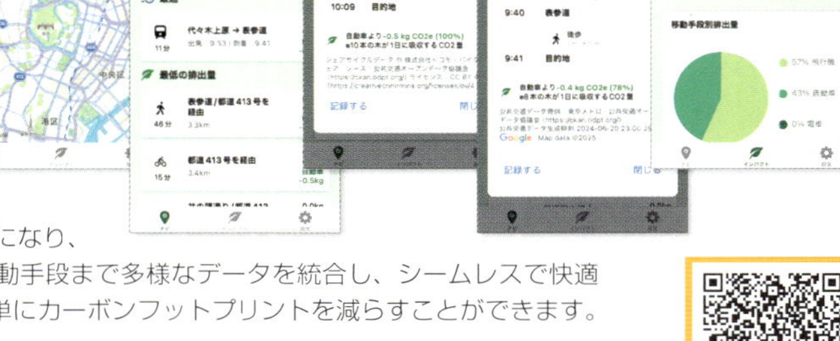

000222C0

[App：iOS]
https://apps.apple.com/jp/app/leaflane/id6739495304

受賞作品一覧

賞	作品名	受賞者
最優秀賞	急がば漕げマップ	西片トコトコ探索会
準最優秀賞	PoiCle / ぽいくる	チームぽいくる
	RailroadCrossFree	金 海英・正治 咲良・佐藤 彰洋
優秀賞	公共交通分析ツール - SPECTRA PROJECT	SPECTRA PROJECT
	GTFS box	草薙 昭彦
	住みログ	住みログ
	メトロファインダー	東 真史
審査員特別賞	Annelida	untitled0.
	オンライン車内アナウンス AOIシステム	株式会社ケイエムアドシステム
	CALOCULATE	同志社大学経済学部宮崎耕ゼミ 「チームMIYAZAKI」
	ココいく?	OTTOP オフ会

特別賞

賞	作品名	受賞者
JR東日本賞	丸亀市バス停SNSウェブアプリ「バスかめファン!」	三菱地所設計 + Pacific Spatial Solutions
	りちゃぶる(東京版)	横関 倖多・後藤 晴
Project LINKS賞	OcRail	久田 智之
	公共交通分析ツール - SPECTRA PROJECT	SPECTRA PROJECT
INIAD賞	Annelida	untitled0.
	おでかけ提案アプリ まちマッチング	高木 健太
	Station Area Database Map	臼井 健祐
	LeafLane - Go the Green Way (Leaf_ane ～地球に優しいナビ～)	Nam Pham

特集 2

TRONプログラミングコンテスト2025 誌上セミナー

TRONプログラミングコンテスト2025
https://www.tron.org/ja/programming_contest-2025/

トロンフォーラム（会長：坂村健・東京大学名誉教授）は、2025年1月21日（火）より、「TRONプログラミングコンテスト2025」を開催している。本コンテストは、国内外の技術者および学生を対象とし、世界標準であるTRONのリアルタイムOS「μT-Kernel 3.0」を用いたマイコンのアプリケーション、ミドルウェア、開発環境、そしてツールなどの各分野で競うものである。

今回のテーマは「TRON×AI　AIの活用」。AI技術を取り入れた革新的な作品が期待されている。

本コンテストではSTマイクロエレクトロニクス株式会社、ルネサス エレクトロニクス株式会社、インフィニオン テクノロジーズ ジャパン株式会社、パーソナルメディア株式会社の協力のもと、応募者には選考のうえ、μT-Kernel 3.0を搭載した最新のマイコンボードが提供される。

本特集では、本コンテストの概要と各マイコンメーカーのマイコンボードに対して提供されているμT-Kernel 3.0 BSP2について紹介する。また、2025年2月に開催された各マイコンメーカーによるウェビナーの内容を誌上セミナーとして再構成して掲載するほか、2024年のコンテスト入賞者に応募から作品提出までの体験記を寄稿していただいた。

コンテストの参加エントリー期間は2025年4月30日まで。ぜひ本特集を参考にしていただき、チャレンジしていただきたい。

目　次

TRONプログラミングコンテスト2025と μT-Kernel 3.0 BSP2

豊山 祐一
トロンフォーラム T3WGメンバー
INIAD（東洋大学 情報連携学部）

TRONプログラミングコンテストが2024年に続き今年も開催となった。コンテストの応募締め切りは2025年9月30日であり、4月30日までにエントリーして審査を通ればマイコンボードが提供される。ぜひふるって参加していただきたい。

本稿ではコンテストの概要と、コンテストで使用されるマイコンボード、そしてμT-Kernel 3.0 BSP2について紹介する。

TRONプログラミングコンテストの概要

本コンテストは、マイコンメーカー各社の協力のもと、トロンフォーラムの主催で行われ、世界標準であるTRONのリアルタイムOS「μT-Kernel 3.0」と各社の最新マイコンを活用したアプリケーション、ミドルウェア、開発環境、そしてツールなど、各分野のプログラムを競い合う。

協力するマイコンメーカーは、STマイクロエレクトロニクス株式会社、ルネサス エレクトロニクス株式会社、インフィニオン テクノロジーズ ジャパン株式会社の3社であり、応募者にはエントリー審査のうえで各メーカーのマイコンボードが提供される。加えて、パーソナルメディア株式会社からはmicro:bitを使ったIoTエッジノード実践キットが提供される。

コンテスト対象のマイコンボードに対して、トロンフォーラムからμT-Kernel 3.0を市販ボードで簡単に実行できるパッケージ「μT-Kernel 3.0 BSP2」がGitHubにて公開される。μT-Kernel 3.0 BSP2については本記事の後半で説明する。

● 今回のコンテストのテーマ

今回からコンテストにテーマが設けられた。2025年のテーマは「TRON×AI　AIの活用」である。コンテスト

表1　コンテストの部門

部 門	内 容
RTOSアプリケーション 学生部門・一般部門	μT-Kernel 3.0を搭載したマイコンボードを使用したアプリケーションプログラムを募集する。 ※本部門は学生部門と一般部門に分かれる。学校に在学中の応募者は学生部門にエントリーされ、それ以外の応募者は一般部門となる。
RTOSミドルウェア部門	μT-Kernel 3.0のミドルウェアやライブラリなどRTOSの機能を付加するプログラム一般を募集する。μT-Kernel 3.0のソースコードに対する改変も既定の範囲で許される。
開発環境・ツール部門	μT-Kernel 3.0に関するソフトウェアの開発環境や開発ツールを募集する。開発環境やツールはパソコンなどでの動作を想定している。

の審査にあたりテーマに即した作品は高く評価される。

コンテストに提供される各社のマイコンは、AIの活用を前提とした高性能なものである。具体的にどのようにAI技術を活用するかは自由なので、リアルタイムOSとAIの組み合わせによる新しい可能性を追求した革新的な作品の応募を期待している。

● コンテストの部門

本コンテストはリアルタイムOS「μT-Kernel 3.0」に関するソフトウェアを競い合うものである。コンテストの内容は表1に示す4つの部門に分けられる。また各部門を横断的に今回のテーマである「TRON×AI　AIの活用」に即した作品が高く評価されることとなる。

各部門について最優秀賞、優秀賞などが設けられ、受賞者には賞金が送られる。賞金の総額は500万円を予定している。

● コンテストの応募資格とスケジュール

本コンテストは、個人、グループ、法人を問わず、応募規約に同意すれば誰でも参加が可能である。国籍、年齢、居住地などの制限もない。ただし、未成年の方が応募する場合は、保護者の許可が必要なので注意していただきたい。

スケジュールは以下のとおりである。最新のスケジュールについては、前述のTRONプログラミングコンテストのWebページを参照してもらいたい。

また、エントリー審査の締め切り後、またはエントリー審査で選に漏れた場合でも、各自で同じマイコンボードを用意していただければ応募可能である。

- 参加エントリー期間：
  2025年1月21日～4月30日
- 応募プログラムの計画書提出期限：
  2025年4月30日
- エントリー審査結果の連絡・ボード提供：
  2025年5月12日～5月30日
- プログラム応募期間：
  2025年5月30日～9月30日
- 表彰式：2025年12月（予定）

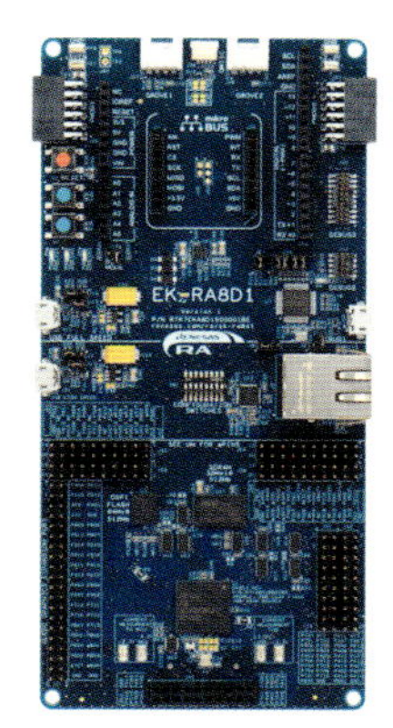

KIT_XMC72_EVK　　STM32N6570-DK　　EK-RA8D1

写真1　各マイコンボードの外観（写真の縮尺は不統一）

● コンテストの対象マイコンボード

本コンテストで使用するマイコンボードは、協力するマイコンメーカー3社のボードと、それに加えて教育分野で広く使用されているmicro:bitの計4種類である（写真1）。

マイコンボードは各種10枚、合計で40枚が用意され、エントリー申請の際に希望のマイコンボードを指定する。エントリー審査を通過された方に希望のマイコンボードが提供される。提供されたマイコンボードはプログラムの応募後に差し上げることとなっている。

マイコンメーカー3社のマイコンボードの概要を表2に示す。

micro:bitについては、パーソナルメディア株式会社の製品である「IoTエッジノード実践キット/micro:bit」を使用する。micoro:bitのキットは以下のパーソナルメディアのWebページ[注1)]を参考にされたい。

各マイコンボードは以下のような特徴を持っている。

• Arduino互換コネクタなどの拡張性

各マイコンボードは、搭載しているマイコンの各信号の入出力を備えており、センサーやアクチュエータなどの外部ペリフェラルを接続することも可能である。

また、どのマイコンボードもArduino互換コネクタを搭載している。Arduinoは電子工作などの分野で普及しているハードウェアであり、Arduino互換コネクタに対応したさまざまな外部ペリフェラルが販売されている。コン

注1）IoTエッジノード実践キット/micro:bit　http://www.t-engine4u.com/products/ioten_prackit.html

表2　各マイコンボードの概要

	KIT_XMC72_EVK	STM32N6570-DK	EK-RA8D1
製造メーカー	インフィニオン テクノロジーズ ジャパン	STマイクロエレクトロニクス	ルネサス エレクトロニクス
搭載マイコン	XMC7200	STM32N6	RA8D1
CPUコア※（最大動作周波数）	Arm Cortex-M7デュアル※（350MHz）	Arm Cortex-M55（800MHz）	Arm Cortex-M85（480MHz）
メモリ	FLASH　8MB RAM　512KB	内蔵SRAM　4.2MB 外部FLASH　128MB 外部SRAM　32MB	内蔵FLASH　2MB 内蔵SRAM　1MB 外部SDRAM　32MB 外部FLASH　64MB
外部インタフェース	Arduino互換コネクタ Ethernet USB、他	LCD（付属） カメラ（付属） Arduino互換コネクタ mikroBUSコネクタ Groveコネクタ×2 Ethernet USB、他	LCD（付属） カメラ（付属） Arduino互換コネクタ mikroBUSコネクタ Pmodコネクタ×2 Groveコネクタ×2 Ethernet USB、他

※ μT-Kernel 3.0はデュアルコアには対応していません。シングルコアで動作します。

テストにこれらを使用することも容易である。

さらにマイコンボードによっては、Arduino互換コネクタ以外にも、Groveコネクタやmikro BUSコネクタなども搭載されている。

●デバッガ機能をマイコンボードに搭載

一般的にはマイコンボードを用いた開発では、デバッガプローブやJTAG ICEなどの専用の装置を用いてパソコンとマイコンボードの接続を行う。しかし、今回対象のマイコンボードはデバッガ機能をボードに搭載しているので、これらの装置は不要である。USBケーブルでマイコンボードとパソコンを接続するだけで開発が可能だ。

●IDE[注2]が無償提供

マイコンメーカー各社からは、IDEが無償提供され、これを使用してプログラムの開発やデバッグを行うことができる。また、これらのIDEはコンフィギュレータの機能も持ち、マイコンのCPUや内蔵ペリフェラルの設定を行い、起動処理やHAL[注3]のソースコードを含むプロジェクトの自動生成が可能である。

なお、メーカー提供のIDEの使用はコンテストの必須事項ではないので、使い慣れている開発環境やツールがあれば、それを使用することも可能だ。

● 詳細はWebページを

本コンテストについてより詳細な情報は以下の「TRONプログラミングコンテスト2025」Webページにて公開されている[注4]。コンテストの規約や、各部門のプログラミング規則も掲載されているので、まずはWebページをご覧いただきたい。また、エントリー申請もこのWebページから行うことができる。

注2）IDE：Integrated Development Environment（統合開発環境）の略称。
注3）HAL：Hardware Abstraction Layerの略称。ハードウェアを抽象化して制御するソフトウェア。
注4）TRONプログラミングコンテスト2025　https://www.tron.org/ja/programming_contest-2025/

μT-Kernel 3.0 BSP2について

TRONプログラミングコンテストでは、各マイコンメーカーのマイコンボードに対してμT-Kernel 3.0 BSP2が提供される。

μT-Kernel 3.0 BSP2は、市販のマイコンボードで簡単にμT-Kernel 3.0を使用することが可能なBSP（ボードサポートパッケージ）であり、トロンフォーラムからGitHubのリポジトリ[注5]にて公開されている。

μT-Kernel 3.0 BSP2は、その前のバージョンのBSPに比べて、マイコンメーカーが提供するIDEやHALなどのソフトウェアとの親和性が強化されたことが特徴である。

近年のマイコンは機能が大幅に増えてきたことにより、メーカー提供のIDEやHALなどのさまざまな開発ツールを活用し、開発効率を向上されることが重要となっている。そこでμT-Kernel 3.0 BSP2は、IDEのプロジェクトに簡単に組み込むことができ、コンフィギュレータが自動生成したソースコードとも共存し、HALなどの活用ができるようになっている。

● IDEとサンプルプロジェクト

μT-Kernel 3.0 BSP2が標準で対応する各社のIDEを表3に示す。もちろん、これ以外のIDEや他の開発環境でもμT-Kernel 3.0 BSP2は使用が可能である。

μT-Kernel 3.0 BSP2は、IDEで作成したプロジェクトに容易に組み込むことができるようになっているが、より簡単に使用できるように、サンプルプロジェクトの形でも提供される。これを利用すれば、IDEからプロジェクトをインポートするだけですぐに使用開始できる。

μT-Kernel 3.0 BSP2のサンプルプロジェクトは、エントリー審査後にマイコンボードが提供される際に、GitHubのリポジトリ[注6]から提供される。また同時にスタートガイドのドキュメントもこのリポジトリから提供されるので活用いただきたい。

● μT-Kernel 3.0 BSP2のシステム構成

μT-Kernel 3.0 BSP2を組み込んだプロジェクトのシステム構成を図1に示す。

最下層にIDEで自動生成された初期化処理のプログラムやHALがある。それより上の層は、一般的なμT-Kernel 3.0のシステム構成と同じである。

最上位で動作するアプリケーションからは、μT-Kernel 3.0のデバイスドライバまたはHALを使用することによりマイコンの各種ペリフェラルが操作できる。またデバイスドライバ自体もHALを使用して作成することができる。デバイスドライバを使用するメリットはマイコンのハードウェアに依存しないプログラムを開発できる点である。これについて以降に説明していこう。

● デバイスドライバによるペリフェラルの操作

μT-Kenrel 3.0は標準の機能として

表3　μT-Kernel 3.0 BSP2が標準対応する各社のIDE

	ModusToolbox	STM32CubeIDE	e²studio
メーカー	インフィニオン テクノロジーズ	STマイクロエレクトロニクス	ルネサス エレクトロニクス
URL	https://www.infineon.com/cms/jp/design-support/tools/sdk/modustoolbox-software	https://www.st.com/ja/development-tools/stm32cubeide.html	https://www.renesas.com/ja/software-tool/e-studio
画面			

注5）μT-Kernel 3.0 BSP2　https://github.com/tron-forum/mtk3_bsp2
注6）μT-Kernel 3.0 BSP2 Samples　https://github.com/tron-forum/mtk3bsp2_samples

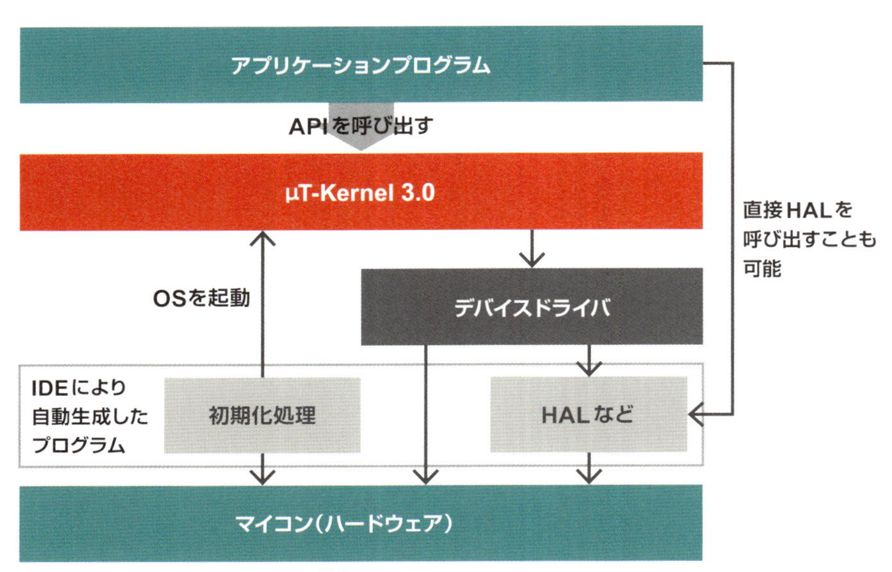

図1　μT-Kernel 3.0 BSP2のシステム構成

デバイス管理機能を備えており、各種のペリフェラルを抽象化したデバイスとして、共通のデバイス操作APIで操作することができる。

μT-Kernel 3.0 BSP2には、サンプルとしてA/DコンバータやI^{2}C通信用のデバイスドライバが最初から組み込まれている。これらのデバイスドライバを使用することにより、マイコンのハードウェアの相違を気にせずにプログラミングすることが可能となる。

例として、I^{2}C通信で接続される温度湿度センサー(SHT35)からデータを取得するタスクのプログラムをリスト1に示す。このプログラムはμT-Kernel 3.0 BSP2が動作するすべてのマイコンボードでそのまま動作が可能である。

プログラムの動作を順番に説明しよう。

① デバイスドライバの動作開始

tk_opn_dev API(デバイスのオープンAPI)により、デバイスドライバの動作を開始する。第一引数が対象のデバイス名であり、マイコンボードによりこの名称は個別に定義されている。

② センサーへのコマンドの送信

温度湿度センサーにI^{2}C通信でデータ取得のコマンドを送信する。このセンサーは0x20, 0x06の2バイトのデータを送信することにより、温度湿度のデータを取得する。データの送信はtk_swri_dev API(デバイスへの書込みAPI)により行う。

③ センサーからのデータ受信

温度湿度センサーからI^{2}C通信で計測した温度湿度のデータを受信する。データの受信はtk_srea_dev API(デバイスから読込みAPI)により行う。

④ 温度・湿度データの変換

センサーから取得したデータを、温度(摂氏)および湿度のデータに変換する。整数データとして扱うため、100倍の値となっている。

⑤ データのシリアル出力

温度・湿度のデータをデバッグ用のシリアル出力に、tm_printf API(デバッグ用シリアル出力API)で送信する。このAPIはC言語標準のprintf関数とよく似た動作を行い、出力結果はマイコンボードのシリアル出力から送信される。マイコンボードのシリアル出力をパソコンに接続することにより、温度・湿度の値をパソコンのターミナルソフトを使って表示することができる。

⑥ 周期時間の待ち

tk_dly_tsk API(タスクの遅延API)により、指定された時間、タスクを待ち状態とする。リスト1のプログラムでは500ミリ秒指定している。よってこのタスクのプログラムは0.5秒周期で処理が実行される。

● HALによるペリフェラルの操作

μT-Kernel 3.0 BSP2で用意されていないペリフェラルの操作は、メーカー提供のHALを使用することにより行うことができる。メーカー提供のHALは一般的に対象のペリフェラルの持つ機能を網羅しているので機能面での不足もない。

ただし、HALはマイコンメーカーごと、さらに対象とするペリフェラルごとに仕様が定められているので、マイコンのハードウェアに強く依存することとなる。よってμT-Kernel 3.0のデバイスドライバを使用した場合と異なり、マイコンごとにプログラムが異なる点に注意しなくてはならない。

また、HALはリアルタイムOSのマルチタスクでの使用を必ずしも考慮していないので、以下の点をアプリケーションが考慮しなくてはならない。

- 複数のタスクから同一のペリフェラルを同時に操作しようとするとコンフリクトが発生し正常な動作ができなくなる。基本的には一つのペリフェラルは固有のタスクからHALを用いて操作することが望ましいが、

複数のタスクで同時に使用する場合は、μT-Kernel 3.0のセマフォなどの機能を使用し、排他的にHALを使用するようにする。

・HALの制御の中には、イベントの取得にポーリングを使うことを前提としたものがある。ポーリングはマルチタスクの環境で使用すると、リアルタイム性能の低下をもたらすので、イベントの取得は割込みを使用するようにしなければならない。通常、HALの機能もポーリングと割込みを選択できるようになっていることが多いので、後者を使用するようにプログラミングを行う。

・HALの割込み制御において、割込みハンドラから通常のプログラムへのイベントの通知には、μT-Kernel 3.0のイベントフラグなどの機能を使用する。HALのサンプルプログラムの多くはグローバル変数を使用したポーリング方式のものが多いが、この方式はリアルタイム性能の低下をもたらすので避けなければならない。また、HALの割込みハンドラからμT-Kernel 3.0のAPIを使用するには、μT-Kernel 3.0の実装上定められた手順をとらなくてはならない。

リスト1　センサー制御タスクの例

```
void task_sns(INT stacd, void *exinf)
{
    ID          dd_i2c;                 //デバイスディスクリプタ
    UB          cmd[2], data[6];        // I2C通信データ
    UINT        temp, humi;             // センサーから取得したデータ
    SZ          asz;                    // I2C通信データサイズ
    ER          err;                    // エラーコード

    dd_i2c = tk_opn_dev( (UB*)I2C_DEVNM, TD_UPDATE);
                                        // ① デバイスドライバの動作開始
    if(dd_i2c <= 0) {
        tm_printf((UB*)"Open Error %d\n", dd_i2c);
    }

    while(1) {
        /* ② センサーへのコマンドの送信 */
        cmd[0] = 0x2C; cmd[1] = 0x06;
        err = tk_swri_dev(dd_i2c, I2C_SADR, cmd, sizeof(cmd), &asz);
        if(err < E_OK) break;

        /* ③ センサーからのデータ受信 */
        err = tk_srea_dev(dd_i2c, I2C_SADR, data, sizeof(data), &asz);
        if(err < E_OK) break;

        /* ④  温度・湿度データの変換 */
        temp = ((((UW)data[0]<<8) | data[1])*17500 >> 16) - 4500;
        humi = (((UW)data[3]<<8) | data[4])*10000 >> 16;

        /* ⑤  データのシリアル出力 */
        tm_printf((UB*)"Temp:%d.%02d  Humi:%d.%02d\n", temp/100,
                                       temp%100, humi/100, humi%100);

        tk_dly_tsk(500);                // ⑥ 周期時間の待ち
    }
    tk_ext_tsk();                       // タスク終了
}
```

● HALを使用したデバイスドライバの作成

メーカー提供のHALを使用するには前述のようにいくつかの注意点がある。μT-Kernel 3.0のデバイスドライバを使用するかぎりはそのような問題はないが、デバイスドライバを一から開発するにはそれなりの工数が必要となる。そこでHALを利用してデバイスドライバの作成し開発期間を短縮することができる。つまりμT-Kernelのデバイスドライバを HALのラッパープログラムとして作成するのである。

また、このようにHALを用いてデバイスドライバを作成すると、デバイスの各種設定をIDEの提供するGUIベースのコンフィギュレータで行うことができるというメリットもある。

実はμT-Kernel 3.0 BSP2のデバイスドライバは、このようにHALを利用して作成されており、デバイスドライバ開発のサンプルとなるように考えられている。HALの使い方がわかれば、意外と簡単にデバイスドライバも作れるので、ぜひ試してみていただきたい。

● μT-Kernel 3.0技術情報は

μT-Kernel 3.0に関する技術情報については、「μT-Kernel技術情報」のWebページ注7)に最新のニュースや各種情報へのリンクなどがまとめられている。コンテストの応募プログラムの作成にも役立てていただきたい。

注7) μT-Kernel 技術情報　https://www.tron.org/mt-kernel3

AIアクセラレータ内蔵の高性能マイコン「STM32N6」で組み込みAIを現実に

STマイクロエレクトロニクス株式会社

STマイクロエレクトロニクス（以下、ST）の汎用32bitマイクロコントローラ（マイコン）「STM32ファミリ」は、業界標準のArm® Cortex®-Mプロセッサをベースとし、より柔軟かつ自由なアプリケーション開発を実現している。また、STM32ファミリ向けに、プロジェクト開発を支援するさまざまなツールやソフトウェアが提供されており、小規模なプロジェクトからプラットフォーム全体の構築まで、幅広いアプリケーションに最適なマイコンである。

■ 組み込みAIを導入するメリット

昨今、AI推論処理がクラウドからエッジへシフトしていることから、STは組み込みデバイス上で動作するAI「組み込みAI」の導入を支援している。システム上に組み込みAIを導入するメリットとしては、超低遅延、データ通信量の削減、低コストのAIデバイス、プライバシーとセキュリティ強化、サスティナビリティなどがあげられる。IoT端末で取得したセンサのデータをクラウド上のAIに送信していた従来のIoTシステムに比べて、生のデータを送信せずに済み、クラウドとの通信を削減できることから、これらの効果を得ることができる。

■ ST Neural-ARTアクセラレータ内蔵「STM32N6」マイコンの特徴

さらに、STは、電力効率の高い組み込みAIアプリケーション向けに自社開発のニューラルネットワーク処理ユニット（NPU）である「ST Neural-ARTアクセラレータ」を設計した。STM32ファミリの新製品「STM32N6シリーズ」は、ST Neural-ARTアクセラレータを内蔵した初のSTM32マイコンだ。消費電力やコストが重視される産業/コンシューマ機器向けに、これまでの小型組み込みシステムでは不可能だった、高度なAI機能を実現している。ST Neural-ARTアクセラレータの最大動作クロックは1GHzで、最大600GOPSを達成しており、コンピュータ・ビジョンやオーディオ・アプリケーション向けのリアルタイム・ニューラル・ネットワーク推論を可能にする。

STM32N6マイコンのCPUには、最大800MHzで動作するArm Cortex-M55を搭載しており、Arm Heliumベクトル演算テクノロジーにより、標準的なCPUに革新的なDSP処理機能をもたらす。これは、AI推論の前処理や後処理に最適であり、ST Neural-ARTアクセラレータと組み合わせて使用することで、最大の効果を発揮する。

4.2MBの連続したRAMを内蔵し、大量のデータを使用するAI処理やマルチメディア処理に対応可能なメモリを提供する。2個の64bit AXIインタフェースが、最高レベルの計算速度を維持し、Neural-ARTアクセラレータの性能をフルに引き出すために、高レベルのデータ帯域幅をサポートしている。

コンピュータ・ビジョン・アプリケーション向けに、MIPI CSI-2インタフェースとイメージ・シグナル・プロセッサ（ISP）を備えた専用のコンピュータ・ビジョン・パイプラインを搭載しており、さまざまなカメラとの互換性が確保されているため、外付け部品を最小化し

組み込みデバイス上で推論処理をすることのメリット

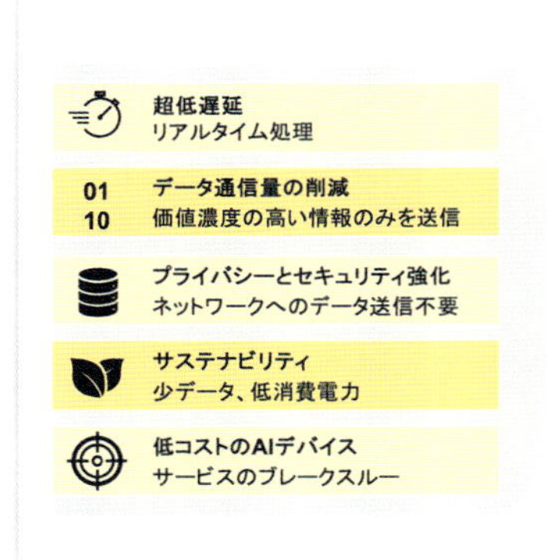

図1 組み込みAIのメリット

図2　STM32N6マイコンの特徴

開発期間を短縮
使いやすい開発エコシステム
STM32エコシステム
サンプル・モデル / コード
モデルの性能評価
モデル最適化
ハードウェア&ソフトウェア
ST Edge AI model zoo
オンライン リソース
ST Edge AI Developer Cloud
オンライン ツール
STM32 Cube.AI
STM32CubeMX用 プラグイン
ST Edge AI Core
コマンド・ライン インタフェース (CLI)
ST Edge AI Suite
Your stepping stone to enabling edge AI on MCUs, MPUs, and smart sensors.
st.com/st-edge-ai-suite

図3　STM32N6マイコンの開発エコシステム

ながら、シンプルで比較的安価なイメージ・センサを使える。また、このISPは、STの無料のISP IQTuneツール(STM32-ISP-IQTune)を使用して設定できる。ISP IQTuneは、画像処理のパラメータ(露出、コントラストや色のバランスなど)をカスタマイズできる最先端のツールだ。

マルチメディア機能も充実しており、2.5Dグラフィック用のNeoChromアクセラレータや、H.264ハードウェア・エンコーダ、MJPEGにも対応したJPEGハードウェア・エンコーダ/デコーダを含む各種機能を備えている。AIによる推論結果を送信したり、表示したりする場合の機能がすべて内蔵されている。

高度なセキュリティ機能も備えており、SESIPレベル3およびPSAレベル3の認証をターゲットとすることで、最新の基準を満たしている。

■ 豊富な開発ツール

STM32N6マイコン向けのアプリケーション開発には、使いやすい各種無償ツールが用意されている。STM32ファミリ標準の開発ボード、初期化コード生成ツール、統合開発環境、ミドルウェア、ハードウェア抽象化レイヤを含むドライバ群を始めとするハードウェア&ソフトウェア・エコシステムに、組み込みAI開発エコシステムが付随する。STM32N6マイコンの組み込みAI開発エコシステムには、各種サンプルAIモデルやサンプルAIコードのST Edge AI model zoo、AIモデルの実機上での性能検証が可能なオンライン・サービスST Edge AI Developer Cloud、ST Neural-ARTアクセラレータ向けAIモデル最適化ツールのSTM32Cube.AIやST Edge AI Coreなどが含まれ、ST Edge AI Suiteというオンライン・ツールにすべて統合されている。

■ STM32N6は新時代のAIマイコン

STM32N6マイコンは、その卓越したAI推論処理性能と、マイコンならではの小実装面積、低消費電力、低コスト、少ないBOM、高速ブート/起動により、さまざまなAIアプリケーションを進化させることができる。たとえば、既存のデバイスにAIサービスを追加することによる高機能・性能化、従来マイクロプロセッサを使用して実現していた組み込みAIシステムの小型化/低コスト化、クラウド・ベースのAIサービスのエッジ・シフトなど、汎用製品ならではの幅広い応用が考えられる。ユーザのアイデア次第で、身の回りのさまざまなデバイスやサービスがいままでの常識を覆す形へ変貌を遂げる、そんな可能性を秘めた新時代の組み込みAIマイコンSTM32N6を使って、今後世の中に出てくる新しい形のAIにご期待いただきたい。

「マイコンメーカによるTRONプログラミングコンテスト2025 ウェビナー(STマイクロエレクトロニクス株式会社編)」説明資料
https://www.tron.org/ja/programming_contest-2025/webinar-0207/page-8325/

組み込みAIが新しいアプリケーションを開拓

図4　STM32N6マイコンによる組み込みAIが開拓する新しいアプリケーション例

グラフィックス機能を強化、音声&ビジョンのマルチモーダルAIアプリケーションを実現するRA8D1グループ

Arm Cortex-M85コア搭載のRAファミリRA8シリーズの第2弾

000222A8
ucode

ルネサス エレクトロニクス株式会社

ルネサスは、マイクロコントローラのラインナップとして、Armコア32ビットMCUのRAファミリ、ルネサスオリジナルコア32ビットMCUのRXファミリ、16ビットMCUのRL78ファミリ、32／64ビットMPUのRZファミリを提供している。

■ Armエコシステムを実現するRAファミリ

RAファミリ（図1）は、Armコアを採用することでワールドワイドに広がるArmエコシステムを利用することが可能で、以下のような特長がある。

①低消費電力から超ハイエンドまでスケーラブルで幅広いラインナップ

②長年の経験が培った実績豊富な周辺機能

③高精度内蔵オシレータやPOR／LVD／WDT／EEPROM機能の内蔵などによるBOMコスト削減への寄与

④Armコア独自のセキュリティ技術であるTrustZoneに加えてルネサス独自のセキュア暗号エンジンの搭載

⑤HALドライバ、ミドルウェア、リアルタイムOSをパッケージングしたソフトウェアパッケージ（FSP：Flexible Software Package）や簡単にコード生成が可能なツールなど使いやすい開発環境

■ グラフィックス機能を強化したRA8D1グループ

今回紹介するのは、世界に先駆けてArm Cortex-M85コアを搭載したRA8シリーズの中でグラフィックス機能を強化したRA8D1グループである（図2、図3）。RA8シリーズはRAファミリの中の最上位であり、以下のような高性能／高セキュリティを提供する。

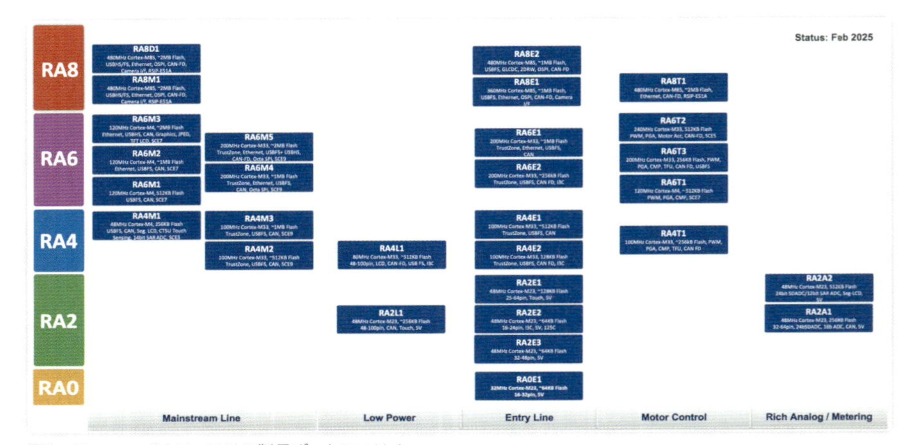

図1　Renesas RAファミリの製品ポートフォリオ

①Arm Cortex-M85コアを搭載したMCUとして6.39 CoreMark/MHzを実現

②Heliumテクノロジーを搭載したArm v8.1-Mアーキテクチャによりコアtex-M7に比べ、DSP/MLタスクを約4倍に高速化

③TrustZoneおよびPACBTI（ポインタ認証および分岐ターゲット識別）による高度なセキュリティ

またMPUに匹敵する性能を持ちつつ、豊富な周辺機能、内蔵メモリ、低消費電力といった従来のMCUの特長も継承している。

RA8シリーズの中で、高解像度ディスプレイ用の高機能グラフィックス周辺機能を内蔵しビジョンAIアプリケーションに最適なマイコンがRA8D1グループである。RA8D1グループは、LCDへのパラレルRGB出力とMIPI-DSIインタフェースを備えた高解像度のLCDコントローラ、2Dグラフィックスエンジン、16ビットカメラインタフェース（CEU）、フレームバッファやグラフィックスのストレージ用の複数の外部メモリインタフェースを搭載しているため、産業用HMI、ビデオ付きドアホン、患者モニター、セキュリティパネル、プリンタディスプレイ、家電ディスプレイなどのグラフィックスアプリケーション向けに最適な製品である。

● RA8D1グループの主な特長

・CPUコア：最大動作周波数480MHzのArm Cortex-M85搭載（HeliumおよびTrustZone対応）

・メモリ：2MBあるいは1MBのフラッ

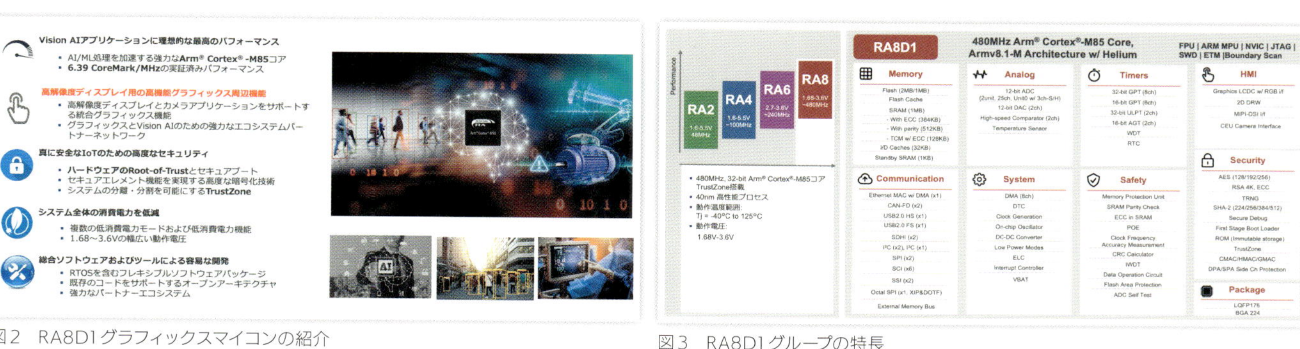

図2 RA8D1グラフィックスマイコンの紹介

図3 RA8D1グループの特長

シュメモリおよび1MBのSRAM(128KB TCMを含む)を内蔵

- グラフィックス周辺機能：最大WXGA(1280×800)の解像度に対応するLCDコントローラ、外部LCDおよび/またはTFTディスプレイへのパラレルRGBとMIPI-DSIインタフェース、2Dグラフィックエンジン、16ビットカメラインタフェース、32ビット外部SDRAMインタフェース
- その他の周辺機能：イーサネット、XiPおよびDOTF対応XSPI(Octal SPI)、SPI、I²C／I³C、SDHI、USB FS／HS、CAN FD、SSI、12ビットA/Dコンバータ、12ビットD/Aコンバータ、コンパレータ、温度センサ、タイマ
- 高度なセキュリティ：最先端の暗号化アルゴリズム、TrustZone、セキュアブート、イミュータブルストレージ、DPA／SPA攻撃保護付き改ざん防止機能、セキュアなデバッグ、セキュアなファクトリプログラミング、ライフサイクル管理サポート
- パッケージ：176ピンLQFP、224ピンBGA

■ 評価キット「EK-RA8D1」

RA8D1グループの評価キットがEK-RA8D1である(図4)。搭載マイコンはRA8D1グループの224ピンBGAで、大型ディスプレイ搭載のMIPIグラフィックス拡張ボード、カメラモジュール搭載のカメラ拡張ボードを同梱。ArduinoやDigilent Pmodなどの各種コネクタも搭載。USB給電とオンボードデバッガですぐに使用が可能である。

統合開発環境e²studioやFlexible Software Package(FSP)、スマートコンフィグレータなどの開発環境、EK-RA8D1評価キットのユーザーズマニュアル、クイックスタートガイドなどドキュメントも公開しており、すぐに動作検証ができる。

RA8D1のグラフィックスソリューションとしては、SEGGER社のGUIソリューションemWinやFSPに統合されたGUIXを提供している。またオープンソースのグラフィックスライブラリ、Light and Versatile Graphics Library(LVGL)を使用できる。AIソリューションとしては、機械学習ライブラリへの対応としてe-AIトランスレータ、e-AIチェッカを提供している。オープンソース側の学習環境として、PyTorch, Keras, TensorFlow, TensorFlow Liteに対応している。

RA8D1およびEK-RA8D1へのTRONのリアルタイムOS μT-Kernel 3.0のインプリメントも完了しており、リアルタイムOSを組み込んだグラフィックス、ビジョンAIアプリケーションの開発にご活用いただける状況となっている。

＊＊＊

ルネサスは、今後もRA8シリーズ製品群の拡張を進めていき、NPUを搭載したより高性能なAIアプリケーションに適した製品や、さらに大容量のプログラムメモリを必要とするアプリケーションをサポートする製品なども展開していく予定である。今回EK-RA8D1に触れていただき、RA8シリーズの性能を体験していただきたい。

特長

特長的なインタフェース
- MIPI DSI & Parallel Display インタフェース(4.5", 854x480)
- カメラセンサインタフェース
- Ethernet
- USB High Speed Host & Device
- 32 MB SDRAM
- 64 MB 外部 Octo-SPI Flash

汎用的なインタフェース
- USB Full Speed Host & Device
- USB (デバッグ, FS) 経由の 5V入力 or 外部電源供給
- オンボードデバッガ (Segger J-Link®)
- デバッガ入力 (ETM, SWD, JTAG)
- デバッガ出力 (SWD)
- ユーザLED x3, ユーザボタン x2
- SeeedGrove® system (I²C & Analog) x2
- Digilent Pmod™ (SPI & UART) x2
- Arduino™ (Uno R3)
- MikroElektronika™ mikroBUS
- SparkFun® Qwiic® (I²C)
- MCU Boot 設定ジャンパ

搭載マイコン
- RA8D1 (R7FA8D1BH2A00CBD)
  - Arm Cortex®-M85コア@480MHz
  - 2 MB Flash, 1 MB SRAM
  - 224 pins, BGA パッケージ
- ピン引出し (オスピンヘッダ)
- MCU & USB 電流測定
- DC/DC モード設定

renesas.com/ra/ek-ra8d1
(UM, Quick Start Guide, 開発ツール、回路図, サンプルプログラム)

RTK7EKA8D1S01001BE
(オーダー型名)

図4 評価キットEK-RA8D1

「マイコンメーカによるTRONプログラミングコンテスト2025 ウェビナー(ルネサス エレクトロニクス株式会社編)」説明資料
https://www.tron.org/ja/programming_contest-2025/webinar-0214/page-8333/

InfineonのXMC7200評価キット「KIT_XMC72_EVK」とEdgeAI対応の開発環境

インフィニオン テクノロジーズ ジャパン株式会社

InfineonではIoT/Consumer向けにPSOCシリーズを、Industrial向けにXMCシリーズのMCUを展開しており、TRONプログラミングコンテスト2025では、XMC7200を搭載したXMC7200評価キット（KIT_XMC72_EVK）を提供する（図1）。

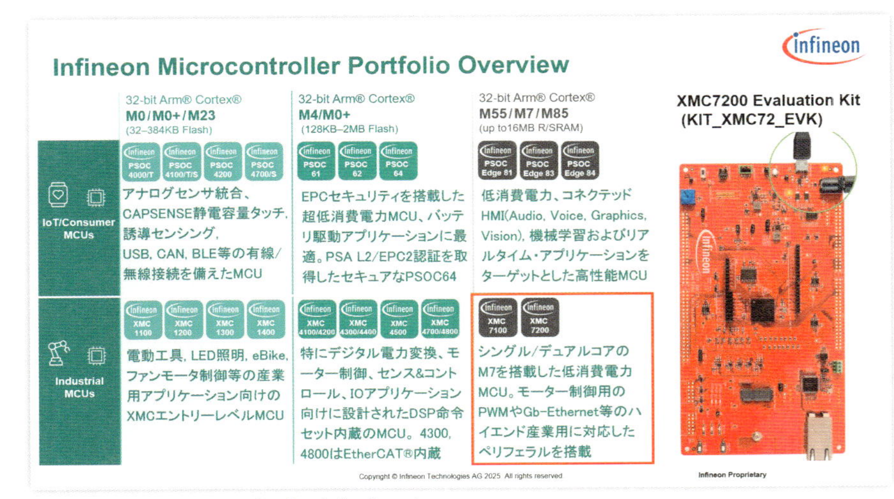

図1　Infineon Microcontroller Portfolio Overview

MCUによるEdgeAIを実現する開発環境

今回のコンテストはテーマが「TRON × AI　AIの活用」であるが、InfineonはMCUによるEdgeAIの実現にも注力している。

一般的にMCUで機械学習アルゴリズムを実行する場合、センサーデータを機械学習モデルに渡して出力を計算するプロセスである推論エンジンを実行することに重点が置かれる。

機械学習モデルは、ジェスチャー検出を例にとると、複数の個人から「ジャンプ」、「走る」、「歩く」といった人間活動のモーションデータの収集を行い、高レベルのコンピューティングシステム上で学習アルゴリズムを適用して生成され、そのモデルがMCUにデプロイ（配置）される（図2）。

これらを実現するために、Infineonはマイコンの統合開発環境であるModusToolboxのEdgeAI対応に加え、EdgeAI対応の機械学習モデル開発環境としてDEEPCRAFT Studioを提供している（図3）。

DEEPCRAFT Studioは機械学習モデルを生成する際の学習データの前処理（Pre-processing）、トレーニング、検証（validation）にフォーカスしており、ModusToolboxおよびCode Exampleは、MCUが搭載されたエッジデバイスに対する機械学習モデルのデプロイおよびエッジデバイス実行時のデータ収集にフォーカスするものである（図4）。

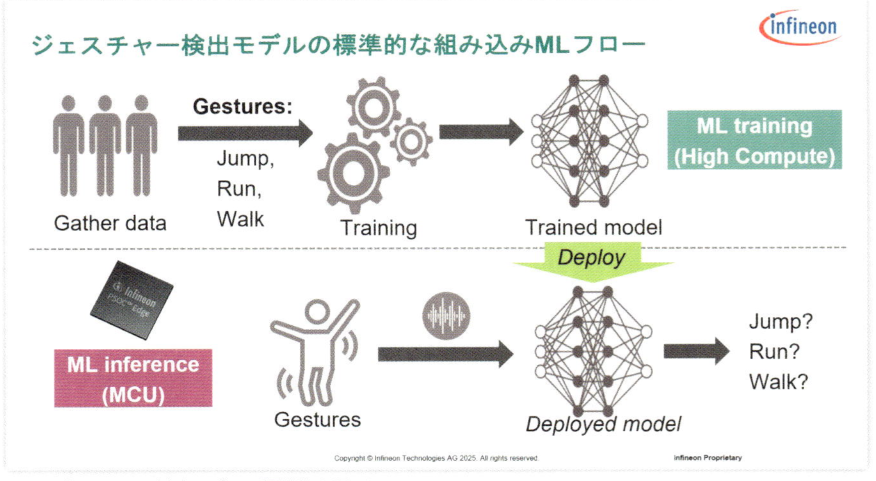

図2　ジェスチャー検出モデルの標準的な組み込みMLフロー

Infineonの統合開発環境ModusToolbox

ModusToolboxは Infineon MCUのソフトウェア開発をサポートする、開

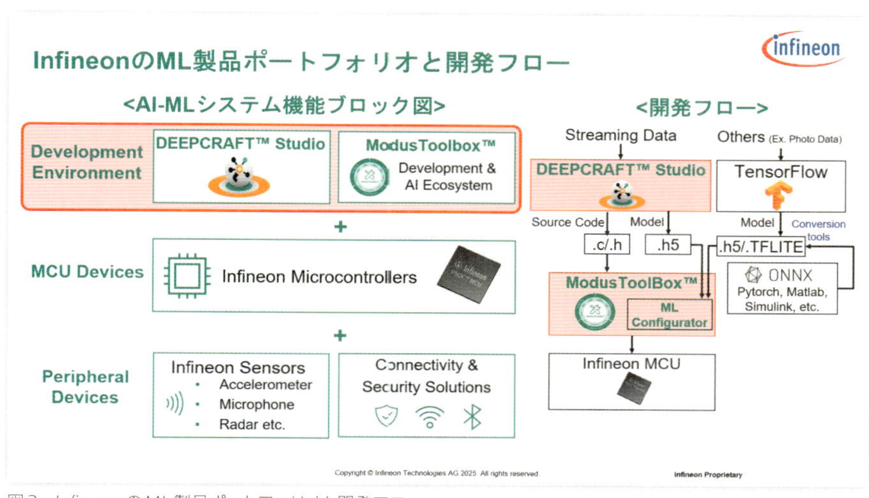

図3　InfineonのML製品ポートフォリオと開発フロー

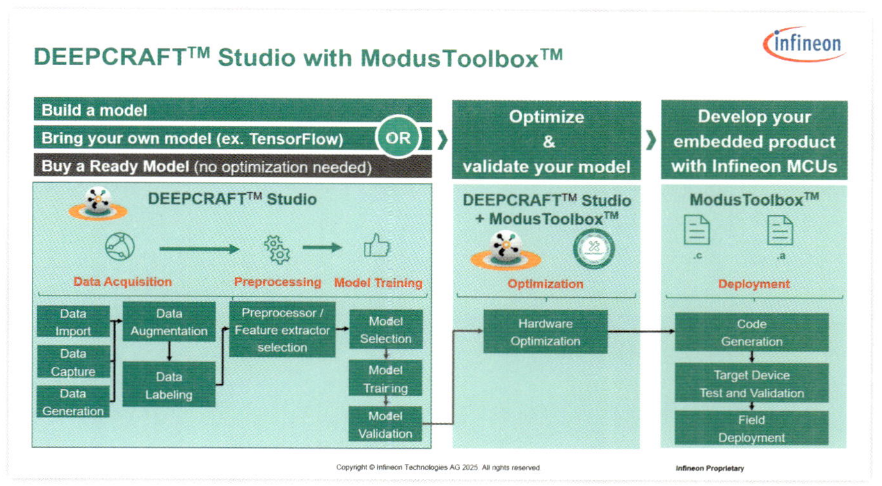

図4　DEEPCRAFT Studio with ModusToolbox

発ツール、ライブラリ、ランタイムソフトウェアのコレクションとして無償で提供され、ランタイムソフトウェアは、ミドルウェア、デバイスドライバ、サンプルコードからなり、広範なGitHubのリポジトリを通して提供されている。

ModusToolboxのEdgeAI対応については、ModusToolbox Machine Learning（ML）として、ML-Configuratorなどのツール、ミドルウェア、Code Exampleなどの拡張パックが提供されており、ML-Configuratorを使用することで、後述するDEEPCRAFT Studioによって生成された機械学習モデル以外に、TensorFlowなどの一般的なトレーニングフレームワークで生成した機械学習モデルをC言語のソースコードに変換してプロジェクトにインポートすることが可能となっている。

■ 機械学習モデル開発環境 DEEPCRAFT Studio

DEEPCRAFT Studioは、Infineon MCUが搭載されたエッジデバイス上で機械学習アプリケーションを開発するための包括的なソリューションである。

DEEPCRAFT Studioは1から機械学習モデルを作成（Build a model）することのほかに、TensorFlowなどを使用して作成された機械学習モデル（Bring your own model）や、Infineonが提供するReady Model（Buy a Ready Model）をベースに「データ収集（Data Acquisition）」「前処理（Preprocessing）」「トレーニング（Model Training）」を行って機械学習モデルを生成し、機械学習モデルの最適化と検証（Optimize & validate your model）を行ってInfineon MCUにデプロイすることが可能だ。

デプロイを行うにあたっては、DEEPCRAFT Studioで機械学習モデルをC言語のソースコードに変換して組み込む方法と、TensorFlow Lite for Microcontrollers（TFLM）ソースコードに変換後、ModusToolboxのML-ConfiguratorでC言語ソースコードに変換して組み込む方法の2通りの変換方法がある。

両者の違いについては、DEEPCRAFT Studioのみを使用した場合でもInfineon MCU固有の最適化は行われるが、ML-Configuratorを使用した場合、更なるMCU固有の最適化が行われる。

なお、コンテストのウェビナーでは、本稿の内容に加えModusToolboxを使用して学習モデル組み込み済みのCode Exampleをビルドし、XMC7200評価キットで実行する手順および、DEEPCRAFT Studioを使用してCode Exampleに組み込まれている学習モデルの生成手順の紹介を行った。詳細は説明資料をご覧いただきたい。

「マイコンメーカによるTRONプログラミングコンテスト2025 ウェビナー（インフィニオンテクノロジーズ ジャパン株式会社編）」説明資料
https://www.tron.org/ja/programming_contest-2025/webinar-0219/page-8348/

micro:bitで応募する TRONプログラミングコンテスト2025

パーソナルメディア株式会社

パーソナルメディアが販売している「IoTエッジノード実践キット/micro:bit」は、2024年度のコンテストに引き続き、TRONプログラミングコンテスト2025の対象マイコンボードの一つになっている。このキットを使えば、超小型の教育用ボードコンピュータであるmicro:bitの上でμT-Kernel 3.0を実行するとともに、micro:bitに搭載されている各種のセンサーや入出力デバイスを使うことが可能だ。

■ micro:bitとは

micro:bitは、BBC(英国放送協会、British Broadcasting Corporation)が中心となって開発した小型の教育用ボードコンピュータであり、子ども向けのプログラミング教育などに全世界で広く使われている。世界中でユーザがいるのに加えて、教育用ということもあり、micro:bitの詳細や活用事例についてはウェブサイトや市販の書籍に数多くの情報が掲載されている。

メインのCPUはNordic SemiconductorのnRF52833(Arm Cortex-M4コア)であり、このCPUコアの上でμT-Kernel 3.0が動作する。また、5行5列のマトリックス状に配置された25個のLEDをはじめ、ボタンスイッチ2つ、タッチセンサー、照度センサー、温度センサー、加速度センサー、地磁気センサーなどのセンサー類や、マイクとスピーカーによるサウンド機能、USBなどの豊富な周辺デバイスを搭載している。エッジコネクタ端子を経由してハードウェアを追加したり、自分で作った電子回路と組み合わせたりすることも可能だ。

図1 micro:bit

■ micro:bit用μT-Kernel 3.0の開発環境

micro:bitのソフトウェアを開発するには、ビジュアルプログラミング言語環境であるMakeCodeを使うのが一般的である。しかしながら、MakeCodeで開発したプログラムはそれ専用の実行環境で動作するようになっており、そのままμT-Kernel 3.0の上で実行できるわけではない。μT-Kernel 3.0の上で実行するアプリケーションプログラムは、Eclipseを使ってC言語で開発する。

micro:bitで動作するμT-Kernel 3.0の開発環境を準備するには、表1の開発用ツールをダウンロードして開発用PCにインストールする。いくつかの手順を踏む必要があるが、ドキュメントのとおりに進めていけば、開発用PC上でEclipseを動かし、μT-Kernel 3.0のプログラムを開発できるようになる(図2)。Eclipseのデバッグ機能を使えば、ブレークポイントでプログラムを停止してからステップ実行したり、変数の値を参照したりすることが可能だ。

■ 周辺デバイスを使う

micro:bit上で動くμT-Kernel 3.0や周辺デバイスを使ったプログラミング例については、TRONWARE VOL.195～VOL.209に掲載された連載記事「micro:bitでμT-Kernel 3.0を動かそう」に詳細な解説があり、例題のプログラムや関連するデバイスドライバをダウンロードできる。また、この記事

表1 micro:bit用μT-Kernel 3.0で使用する開発用ツール

	名称	説明
A	Eclipse IDE for Embedded C/C++ Developers	GUI画面からソースコードの作成や編集、コンパイル、デバッグなどを行う統合開発環境
B	GNU Arm Embedded Toolchain	Armマイコンを使った組込み開発用のGNU Cコンパイラおよび関連ツール一式
C	xPack Windows Build Tools	プログラムの構築(ビルド)のためのWindows用のツール一式
D	Python	プログラミング言語Pythonの言語処理系
E	pyOCD	Python上で動作するArmマイコン用のデバッグツール
F	micro:bit用μT-Kernel 3.0	ソースコード一式(パスワード付きZIPファイル)

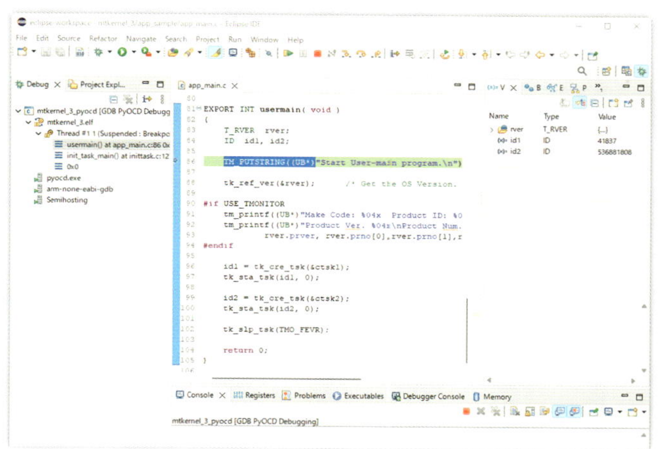

図2　Eclipseを使ったμT-Kernel 3.0の開発環境

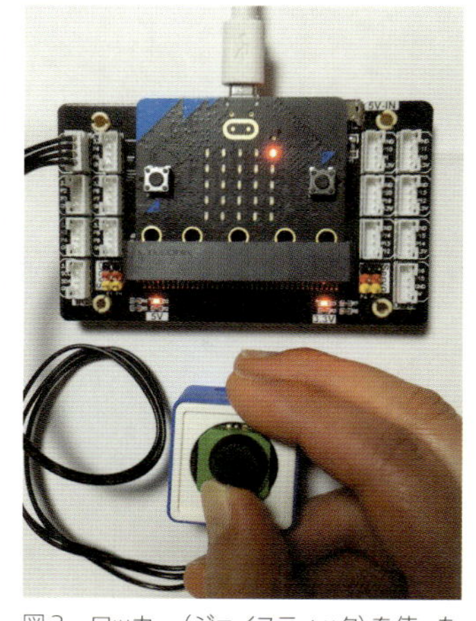

図3　ロッカー（ジョイスティック）を使ったA/D変換

図4　2台のmicro:bitで合奏している様子

を再構成したコンテンツをウェブサイトでも公開している注1)。この記事と例題プログラムを参照すれば、μT-Kernel 3.0を使ってmicro:bitの周辺デバイスのハードウェアを制御するプログラムの開発が可能だ。

本連載記事では、ボタンスイッチの入力判定（ポーリングと割込み）、LEDマトリックスのダイナミック点灯、PWMによるスピーカー出力、A/D変換を使ったジョイスティック入力（図3）、I²Cと加速度センサーを使ったボードの傾き方向の検出、UARTEによるシリアル通信などのテーマで、micro:bitの多くのセンサーや入出力デバイスの制御方法を説明している。

また、micro:bitでは、多くの外付けセンサーや入出力デバイスが教材用として販売されており、それらのデバイスをエッジコネクタや拡張ボード経由で接続して利用できる。特に、機器内のセンサー類の接続に多用されているI²Cの通信規格については、上記の連載記事の中でI²Cのデバイスドライバを提供しているので、自分でI²Cの詳細を理解しなくても、I²C経由の入出力デバイスの利用が可能だ。I²Cを使えば、ボード内蔵の加速度センサーのほか、エッジコネクタ経由でいろいろな外付けセンサーを接続できるので、micro:bitの応用範囲が広がる。

さらに、もう1台のmicro:bitを周辺デバイスとして接続し、2台のmicro:bitで分散処理を行うといったシステム構成も考えられる。たとえば、μT-Kernel 3.0の動くメインCPUのmicro:bitと、周辺デバイスとして使うサブCPUのmicro:bitを、シリアル通信で接続し、この2台を連携して動作させる。連載記事では、このような構成により、2台のmicro:bitのPWMとスピーカー出力を使って合奏する例題を紹介した（図4）。

micro:bitを他の一般的な評価ボードと比較した場合、そのメリットとしては、単三電池2個で駆動でき、超小型で携帯性に優れるといった点があげられる。入力センサーや周辺デバイスとの組み合わせを工夫することで、携帯性をさらに活かした面白い応用例が考えられるだろう。

■「micro:bit x TRON x AI」に向けて

2025年度のコンテストのテーマは、「TRON×AI　AIの活用」である。とはいえ、micro:bitは負荷の高いAI処理ができる高性能コンピュータではないし、AI向けのアクセラレータを持っているわけでもない。それでも、プログラムを使ってAI的な処理を行うことは可能であるし、“micro:bit AI 利用例”などでネットを検索すると、いろいろな記事がヒットする。一例としては、携帯性に優れたmicro:bitをウェアラブルコンピュータとして使い、人間の手足などの動きをAIで判断してジェスチャーを認識するといった使い方がある。この場合は、micro:bitの加速度センサーからの入力データを、AIを使った機械学習モデルで判断するといった処理になるだろう。このような処理に対して、μT-Kernel 3.0を使ってリアルタイム性を向上できれば、micro:bitとμT-Kernel 3.0とAIとの組み合わせという意味で、良い応用事例になるかもしれない。

もちろん、応募作品のアイデアを考えるのは応募者自身である。ここで書いたことは、あくまでも応募作品にAIを使うためのヒントに過ぎない。ウェブサイトに出ている既存の事例や、この記事で書いた内容にとらわれず、斬新で想定外と言われるようなアイデアの応募作品を期待したい。

「マイコンメーカによるTRONプログラミングコンテスト2025 ウェビナー（パーソナルメディア株式会社（micro:bit）編）」説明資料
https://www.tron.org/ja/programming_contest-2025/webinar-0218/page-8337/

注1）ウェブサイト版「micro:bitでμT-Kernel 3.0を動かそう」 http://www.t-engine4u.com/info/mbit/index.html

TRONプログラミングコンテスト2024に挑戦して

湯澤 竜也

■ はじめに

筆者は好奇心に突き動かされ「TRONプログラミングコンテスト2024」に挑戦し、幸運にも入賞することができた注1)。

筆者の職業はFA(Factory Automation)の電気屋…シーケンス制御設計やPLC(Programmable Logic Controller) ラダープログラミング…であり、趣味は電子工作、ときどきサンデープログラマ。残念ながらPC・組込み系職業プログラマとしての知識や常識、ノウハウなどは持ち合わせていない。

そんな筆者が、本コンテストにどっぷり沼った注2)9か月余りを振り返る。

題して「Demo or Die…完走のための老婆心」。

■ 一次審査

一次審査で提出する計画書の作成は、コンテストの行方を左右する重要かつ貴重な時間といえる。

ここで留意したいのは以下のとおり。

(1) 一次審査で風呂敷を広げすぎないで

公式サイト注3)の「応募方法・スケジュール」「ステップ2. 応募プログラムの計画書の提出」項にて、「計画書の項目」の中に「具体的」というワードがしばしば出てくる(図1)。

大きな声では言えないが「ほどほどに」したほうが応募者自身のためである。「具体的≠詳細な記述」である。

計画書の項目

- **応募プログラム名**
- **概要説明**
  応募プログラムの目的、機能などの概要を具体的に記載してください。
- **開発体制**
  グループで開発する場合は構成人数、分担などの計画を記載してください。後で変更は可能です。
- **開発環境およびプログラム**
  使用する予定の開発環境(PCのOS、IDEなど)とプログラミング言語を具体的に記載してください。
- **開発規模**
  応募プログラムの規模(STEP数など)を現状の見積もりでかまいませんので記載してください。
- **機能説明**
  応募プログラムで実現する予定の機能を具体的に説明してください。
  図表や、その他のドキュメントを添付してもかまいませんので、具体的なイメージが伝わるように説明をしてください。
- **応募プログラムのアピールポイント**
  応募プログラムのアピールポイントがあれば記載してください。
  従来のプログラムより優れていると思われる点や独創的であると思われる点、また今回チャレンジしてみようと考えている点などがあれば具体的に記載してください。
- **応募者のアピールポイント**
  応募者のコンテストに参加する動機、意気込み、経験など、アピールしたい点があれば記載してください。

図1 「計画書の項目」における「具体的」の検索結果
(https://www.tron.org/ja/programming_contest-2025/programming_contest_entry-2025/ より)

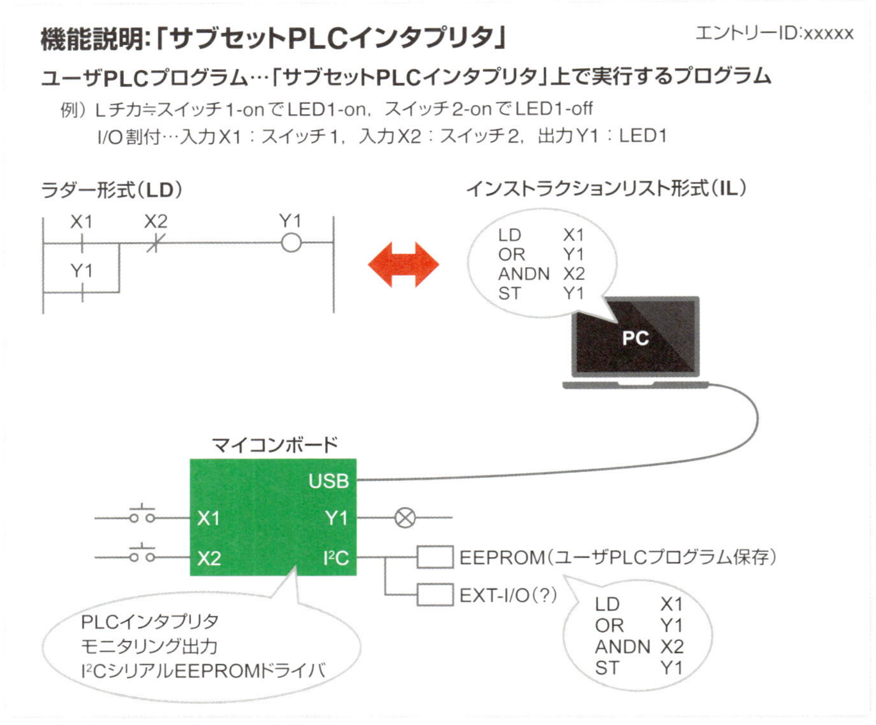

図2 機能説明図…ほどほどな計画書添付版

プログラムの審査は当然のことながら「計画書どおりの実装が行われたか?」という点も対象となる。いざ実装段階で不測の事態により実装項目を削って計画倒れになるよりも、むしろ盛れる余地を残すことをお勧めする。

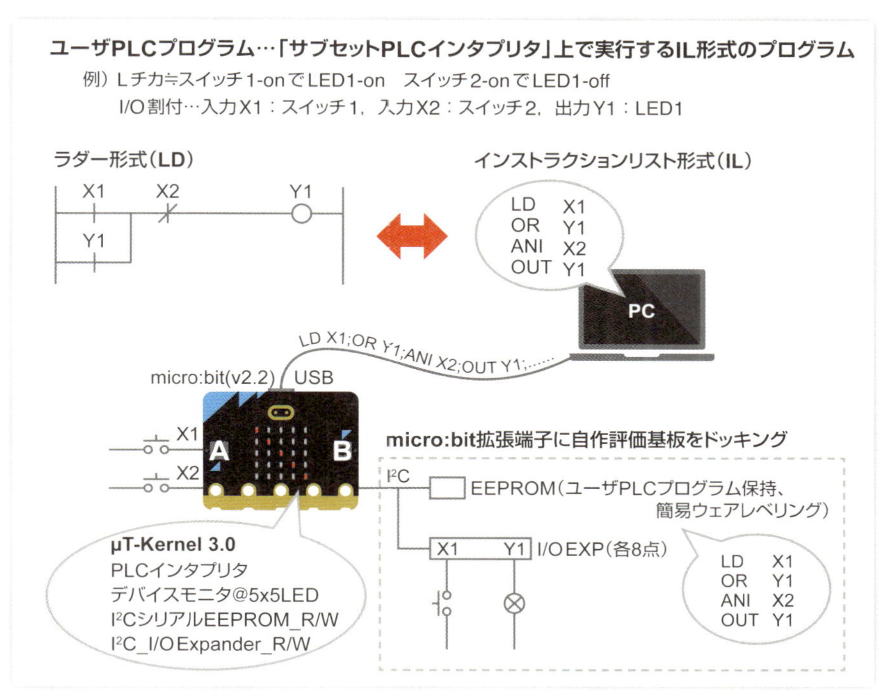

図3　機能説明図…入賞後のモリモリなUpdate版

筆者が計画書に添付した唯一の機能説明図（図2）と入賞決定後に実態に合わせアップデートしたモノ（図3）を示す[注4]。

概要はほとんど変わらないが、マイコンボードの正式名をはじめ、プログラム構成やI²C周りの具体的記述など実態（≒実装結果）に合わせ大幅にアップデートしている。

大幅に……といえば、そもそも「自作拡張基板」を製作する予定はなかったが、必要に迫られ2枚作り、1枚を手元に、もう1枚を事務局に発送した。

(2) マイコンボード選択は慎重に

各社自慢のマイコンボードを提供しており、ついついリッチなモノや付属機器に目を奪われるが、ちょっと待ってほしい。

公式サイト[注3]の「応募条件」項に「（前略）貸与するμT-Kernel 3.0を搭載したマイコンボードを使用することを原則とします。ただし、希望するマイコンボードが選考結果により得られなかった場合、同じマイコンボードをご自身で用意して本審査に応募することは可能（後略）」とある。

計画書で提示した機能を「そのマイコンボード（含開発環境）＋μT-Kernel 3.0でスケジュール内に無理なく実装できるか？」が最重要である[注5]。

各マイコンボードは汎用品である。お目当ての機能が自社製OSやベアメタルなど他の環境下ではサポートされているが、μT-Kernel 3.0は対象外……となっていたら目も当てられない[注6]。

また、標準機能として実装されていない場合、代替手段も慎重に検討する必要がある。

実装手段には、購入・自作・生成AIに聞いてみる[注7]・OSS（Open Source Software）の導入などが考えられるが、各部門で定義された「応募プログラム」[注8]以外は評価対象外となる。したがって、評価対象外を嫌い自作量が増えると、実装未達の場合に評価時のパフォーマンス不足に陥るリスクが生じる。

ここは、標準機能・自作機能・外部調達機能のバランスを見定めたうえで、実装中に自作度を上げるなど柔軟に見直しを図りたい。

■ プログラム開発

一次審査を経て晴れて開発・実装に勤しむことになる。

ここで留意したいのは以下のとおり。

(3) コンテスト事務局で動作確認できない事態に備えて

せっかく手塩にかけて作り上げた作品も、現地で動かなければ正当な評価は得られない。

審査中に「操作マニュアルや手順書」どおりの動作をしない場合、事務局からメールで状況説明と対応方法を求められることがある[注9]。救済しようという姿勢には頭が下がるし、実際救われた。

注1）が不幸にして体調不良で表彰式欠席、LIVE中継を視聴（ToT）
注2）本コンテストに全集中するあまり「紫金山・アトラス彗星」の接近情報に気付かず、あわや撮り逃すところだった（^^;;;
注3）TRONプログラミングコンテスト2025・エントリー　https://www.tron.org/ja/programming_contest-2025/programming_contest_entry-2025/
注4）カラフルでmicro:bitも精緻に描かれていることに驚かないでほしい。これは記事化にあたり筆者原本の白黒ポンチ絵を編集部で清書いただいたモノなのだ :-)
注5）ちなみに筆者がmicro:bitを選定した裏テーマは「I²C拡張とインタプリタ動作のPLCを、提供品中最もローエンドなマイコンボードで実用可能か試す」だった。
注6）「TRONプログラミングコンテスト2024」開催初期、micro:bitにはI²Cドライバがなく、「なければ作ればいい、ミドルウェア部門にも応募できるし」と高をくくった筆者は未完の危機に陥った。幸い「TRONWARE VOL.207」（2024年6月発売号）の連載記事にて公開されたため九死に一生を得た。このとき生成AIは役立たずだった。
注7）筆者は、本コンテストを機に生まれて初めて生成AIを使ったが、かなり助けられた。[toupper]関数はこれで実装した。ただし盲信・鵜呑みは禁物。
注8）TRONプログラミングコンテスト2025・各部門プログラミング規則
https://www.tron.org/ja/programming_contest-2025/programming_contest_entry-2025/rules-2025/
注9）筆者の場合、締め切り後11日目の週末に「動きません」というメールが届いたが、まさかそのようなフォローがあるとは思わず、週明けまで受信に気付かず放置してしまった（猛省）

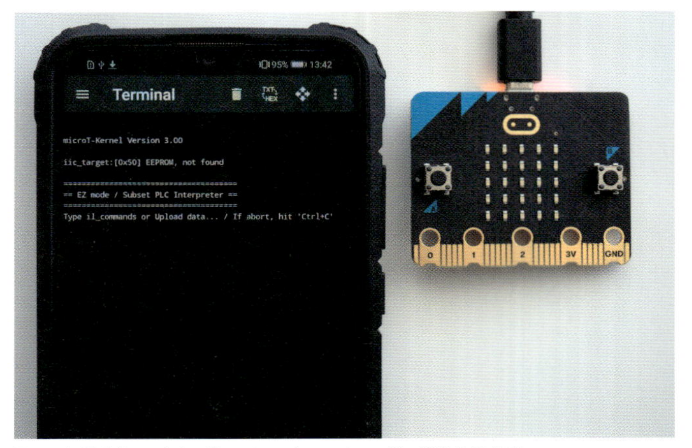

図4　起動直後のデバッグメッセージ…マイコンボード単体動作時
（UsbTerminal V2.0.25.20220916 ©2022 Lior Hass）

図5　起動直後のデバッグメッセージ…マイコンボード自作拡張基板接続時
（UsbTerminal V2.0.25.20220916 ©2022 Lior Hass）

一連のやりとりはメールで行われる。事務局と応募者、双方の活動時間帯を考慮しつつ、最短でのトラブルシューティングを目指したい。

ここでは、実体験を元に「審査支援」と称しコンテスト事務局でのスムーズな立ち上げを促す手法として、デバッグメッセージとコンパイル済バイナリ送付を取り上げる。

(a) 審査支援…デバッグメッセージを有効活用

あらかじめソースにデバッグメッセージを埋め込み、モード遷移などを表示させ状況を正確に把握できるようにしておく。

ここで留意すべきは、応募者が直接間接問わずライブ操作できないことである。こちらが送った指示メールに従い事務局担当者が操作し、状況や結果を報告メールとして返信してくれる。報告メールを元に、製作時のバグ事例も想起しつつ打開策を提示していただきたい。

例として、拙作での動作モードによる表示変化を示す。

マイコンボード単体動作では特定のI^{2}Cターゲットがなく表示は素っ気ないが（図4）、自作拡張基板にドッキングし特定のI^{2}Cターゲットを見つけるとスキャン結果や外部SW状態を表示する（図5）。

(b) 審査支援…コンパイル済バイナリ送付

「応募プログラム一式」に含まれていないが、ソースと同時期にコンパイル済バイナリを送ることを強くお勧めする。

事務局の開発環境が応募者と寸分違わぬ保証はない。大抵は問題ないハズだが、不幸にして問題が起き筆者[注10)]はこれでハマった。

数日間の試行錯誤の末、筆者より事務局とのバイナリ交換を提案、両者手元の「マイコンボード＋自作拡張基板」で実行したところ、筆者のバイナリのみ正常動作し一件落着となった[※編集部注)]。

(4) 生成AI活用の局面

生成AIもコンテストテーマへの答えとなりそう……である[注11)]。

コンテストテーマに謳われた「AIの活用」にはさまざまな手法が考えられるが、機能やコードとして表すことができない場合でも諦めることはない。それが「応募プログラムの紹介資料」[注12)]の活用だ。

ここでしっかりと「AIの活用」を「具体的に」アピールしていただきたい。

＊＊＊

以上、駆け足で書き連ねたが、本稿が「TRONプログラミングコンテスト」挑戦のヒントとなり相棒のマイコンボード共々無事完走できれば幸いである。

※編集部注）コンテスト事務局に確認したところ、応募作品のプログラムを入れたままのmicro:bitを事務局に提出することも可能であり、その場合はコンパイル済バイナリの不一致という問題は生じないということです。

注10）実際には事務局 :-)
注11）実のところ、筆者は本稿執筆時点では十分にコンテストテーマを消化できていない :-p
注12）「TRONプログラミングコンテスト2024」では［Step 2］コンテスト応募フォームに「応募プログラムの紹介資料のURL」項目があり、ここにプレゼン資料を登録した。

第2回 歩行空間DX研究会シンポジウム

2025年1月23日　14:00～16:30
東洋大学 赤羽台キャンパス INIADホール

国土交通省は「人・ロボットの移動円滑化のための歩行空間DX研究会」（以下、歩行空間DX研究会）の活動として、「第2回 歩行空間DX研究会シンポジウム」を2025年1月23日に東洋大学赤羽台キャンパスINIADホールで開催した。本研究会は、人やロボットが円滑に移動できる環境をより早期に実現することを目指して2023年6月に発足した。最新の技術や研究事業、取り組みなどに関する情報共有や意見交換を行うことを目的としている。本研究会の顧問には、「ICTを活用した歩行者移動支援の普及促進検討委員会」の委員長である坂村健INIAD cHUB（東洋大学情報連携学 学術実業連携機構）機構長が就いている。

シンポジウムの第1部では国土交通省 政策統括官の小善真司氏による開会挨拶の後、坂村機構長による歩行空間DX研究会のプロジェクトの主旨説明と、歩行空間の移動円滑化データワーキンググループおよび歩行空間の3次元地図ワーキンググループの取り組みが各座長から紹介された。

第2部のパネルディスカッションは「持続可能な移動支援サービスの普及・展開に向けて」をテーマとし、有識者、民間事業者、行政などから関係者が登壇し、闊達な意見交換と情報共有が行われた。

■ 第1部：プロジェクト紹介・プレゼンテーション

○開会挨拶

小善 真司：国土交通省 政策統括官

国土交通省では誰もが自律的に安心して移動できる包摂社会の実現を目指して、傾斜や段差などのバリア情報やバリアフリー施設の情報など、歩行空間に関するデータのオープン化が促進されるようさまざまな取り組みを進めてきた。一方、近年の技術開発の進展や物流分野における人手不足対策の観点から、自動配送ロボットによる取り組みが全国各地で行われており、歩行空間におけるロボットなどのモビリティ利用のニーズが高まっている。こうしたことから、今後、一層の歩行空間データ活用の拡大とモビリティとの連携のためのデータ整備が期待されている。

小善 真司 氏

小善氏は、「シンポジウムを通して、より多くの方々に人やロボットが円滑に移動できる環境を早期に実現することの必要性を知っていただきたい。これが、包摂社会の実現に向けた持続的な取り組みとなっていく」と開会挨拶を締めくくった。

○プロジェクト主旨説明

坂村 健：INIAD cHUB（東洋大学情報連携学 学術実業連携機構）機構長

国土交通省は、2014年度に「ICTを活用した歩行者移動支援の普及促進検討委員会」を設立した。その目的は、高齢者や障害者、外国人旅行者なども含め、すべての人々が移動に関する情報を入手できるようにすることである。その達成のため、誰もが積極的に

坂村 健 機構長

活動ができるユニバーサル社会の構築に向け、ICT（情報通信技術）を活用した歩行者移動支援の取り組みを推進してきた。坂村機構長は委員長として、歩行者移動支援サービスの普及促進を図るためにさまざまなアドバイスを行っている。

国土交通省は積極的にオープンプラットフォームを推進してきたが、日本の道路や建築物のすべてを国土交通省が管轄しているわけではない。国道もあれば都道府県道、市区町村道、私道もあり、それらが複雑に入り組んでいるため、一気呵成に移動支援事業を進めていくのは難しいという実情がある。たとえば、車いすユーザ向けに段差や傾斜などの情報を集めた地図を一度作ったとしても、その直後に道路工事が始まったり建物の補修が行われたりすればその地図は用をなさない。予算や人員といった限られたコストの範囲で、持続的に必要な情報を集めて更新していかなくてはならない。

坂村機構長は「国だけでなく、地方自治体や行政、さらには国民も協力してオープンプラットフォームの哲学のもとに、クラウドソーシングによる集合知の活用を目指そう」と提起する。クラウドソーシングとは、「群衆（Crowd）」と「外部委託（Outsourcing）」を組み合わせた造語で、ボトムアップ的な情報構築と参加者による相互チェックによって継続的な更新と改善を進めていく考えだ。インターネットをはじめとした情報通信技術の進化により、クラウドソーシングのような取り組みは成果の増幅効果が期待できる。少子高齢化と行政赤字が常態化する日本において、公共サービスのオープンアプローチは行政の効率化とサービス向上につながる。そのためには、「公」がボランティアの力を活かせる環境を整備し、積極的な参加を促す工夫が求められる。

ここで坂村機構長は、ワシントンDCで普及している住民参加型アプリ「Open311」を紹介。たとえば「信号が壊れている」、「ゴミが溜まっている」などの現場情報をスマートフォンのアプリ経由で市に通知できるというものだ。Open311に寄せられた500万件以上の市への問題指摘リストはさらにオープンデータ化され、業者からの対応の逆提案などのビジネスにつながっているという。米国ではこうしたgov2.0の流れが広がっている。

日本では国土交通省を中心に、オープンアプローチによってバリアフリーマップを継続的に整備していくためのしくみを検討してきた。そしてここ数年来、自動走行ロボットの研究開発が進むにつれて、歩行者や車いすの移動のための段差や傾斜などのネットワークデータが自動走行ロボットやパーソナルモビリティのためのデータとしても重要視され、大きな経済効果を生み出すものとして注目されはじめたのだ。

INIADが創設された2017年度より全学生が参加して実施しているバリアフリーマップ作成実習では、INIADのある東京都北区赤羽台地区周辺において、オープン方式の歩行空間ネットワークデータ作成のフィールドワークを行っている（図1）。2024年度の講義では、2023年度に国土交通省事業で構築した「歩行空間ネットワークデータ整備システム」を利用して、300人が同時にネットワークデータ作成に参加した。

坂村機構長はこのように国土交通省とともに歩んだ10年の活動を振り返り、後半のパネルディスカッションでの積極的な意見交換に期待を寄せて講演を締めくくった。

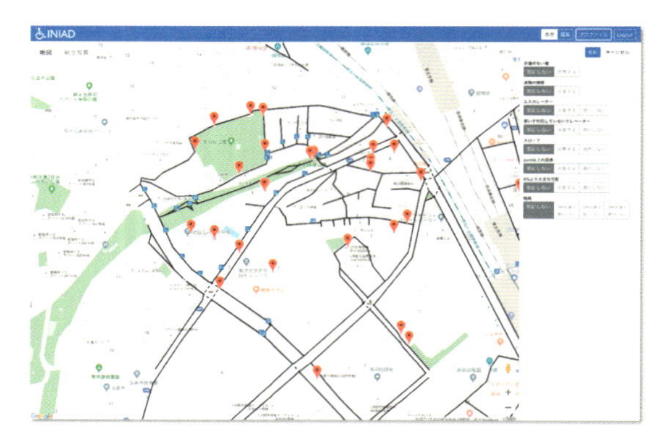

図1　INIADバリアフリーマップ作成実習

○歩行空間の移動円滑化データワーキンググループ取組紹介

別所 正博：INIAD（東洋大学 情報連携学部）情報連携学科 教授

歩行空間の移動円滑化データワーキンググループ（WG）では、歩行空間ネットワークデータやバリアフリーデータなどを効率的に整備・更新・運用するための仕様の改訂を進めている。また、歩行空間ナビゲーション・データプラットフォーム（ほこナビDP）の機能のあり方・改良方針などについて、実証やヒアリングをふまえながら検討を実施している。

歩行空間ネットワークデータとは、歩行空間の形状に合わせて配置するノード（点）とリンク（線）に対して、バリアフリーに関する情報を付与したデータだ。歩道の段差や勾配など、移動にあたってバリアになりうる詳細な構造を収集して記録している。車いすのように移動に制約がある人や自動走行ロボットなど、すべての人や物が歩行空間を円滑に移動するための支援策の一つとして、歩行空間ネットワークデータを公開（オープンデータ化）しており、段差や傾斜などのバリアを回避した経路検索サービスをはじめ、多様なサービスからの利活用が期待されている。

「歩行空間ナビゲーション・データプラットフォーム」（ほこナビDP）とは、歩行空間ネットワークや施設データの整備・更新と利活用を一体的に行うデジタル基盤である。3次元地図整備システム、ネットワークデータ整備システム（3D／2D）、施設データ整備システムといった各システムで作成して整備・更新したデータを、最終的にオープンデータサイトで公開し、提供していく想定だ。

2024年度は、大きく以下の2点について検討を進めている。

1.歩行空間ネットワークデータ整備仕様の改訂

国土交通省は、歩行空間における人・ロボットの円滑な移動の支援に向け、データ整備・更新を効率的に実施できるよう、歩行空間ネットワークデータ整備仕様を改訂し、2024年7月に公開した。通行時の主なバリアとなる幅員・縦断勾配・段差の程度を表す「ランク」を導入し、人やモビリティにとっての通行の可否を簡潔に表現できるようにした。

将来的には、自動走行ロボットや電動車いすなどの走行履歴を収集し、実際に走行可能な経路を集約するしくみを構築することで、歩行空間ネットワークデータの持続的な整備・更新に活用することを目指している（図2）。

2.バリアフリー対応施設データ整備仕様の検討

これまでの課題として、自治体、施設管理者などにより情報の提供方法、内容・表現、定義などにバラつきが

別所 正博 氏

あることや、従来の整備仕様は歩行空間ネットワークデータとの一体的な整備が必要かつ詳細調査が必須なため、整備者の負荷が大きいといった点がある。

基本方針として、全国共通の標準的なデータフォーマットを作成し、本施策の従来仕様のほかデジタル庁の「自治体標準オープンデータセット」などにも対応させる。これにより、整備すべきデータ項目の漏れをなくし、かつすでに整備・管理されているデータを極力そのまま活かせるようにする。さらに、従来仕様を「歩行空間ネットワークデータ」と「バリアフリー施設等データ」に分離して、従来の整備仕様の詳細調査を必須とせず、写真のみによる

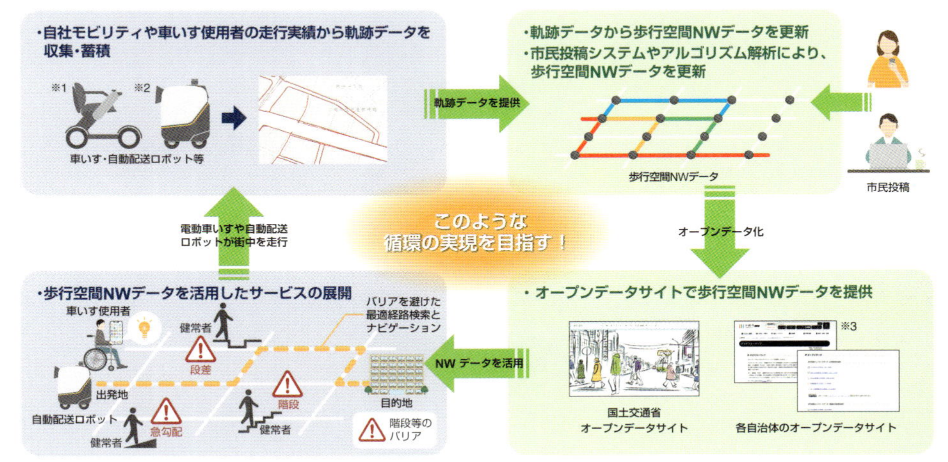

※1）出典 https://jp-store.whill.inc/model-c2-all.html
※2）出典 https://kawasakirobotics.com/jp/blog/story_15
※3）出典 https://www.city.kawasaki.jp/kurashi/category/26-4-10-0-0-0-0-0-0-0.html

図2　歩行空間ネットワークデータ整備の目指す姿

簡易なデータ整備も可能にする。また、実際のサービス提供につながりやすくするため、民間サービス事業者の意見も反映させていく。

東京都福祉局では、車いす使用者対応トイレの場所やバリアフリー設備などの情報をオープンデータとして公表している[注1]。トイレの属性情報をCSVファイルとして公開するだけでなく、個々のトイレの写真データも公開することで、実際に利用する当事者に有益な情報となっている。

WGではこうした事例を参考にして、バリアフリー対応施設に関するデータフォーマットの作成を検討している。バリアフリー対応施設データは、施設・内部施設・バリアフリー施設の3階層で構成し、トイレ、エレベーター、駐車場、乳幼児用施設、出入口などのバリアフリー対応状況が確認できるようにする(図3)。障害者団体、子育て支援団体に対しヒアリングを行い、当事者のニーズをふまえた情報項目を整理し、また、施設の状況が把握しやすく収集が容易な「写真」の積極的な活用を念頭に仕様検討を進めている。

別所氏は「今後は写真とAIの活用によって積極的な市民参画の拡充も可能になる」と、AI技術の進展に期待を寄せた。

○歩行空間の3次元地図ワーキンググループ取組紹介

佐田 達典：日本大学 理工学部 交通システム工学科 教授

佐田 達典 氏

歩行空間の3次元地図WGでは、人・ロボットが歩行空間を円滑に移動するための3次元地図のあり方、整備・更新などに関して検討を実施している。

3次元点群データとは色付きの点群で地形や地物を表現したデータだ。自動運転分野や測量分野において、レーザースキャナなどにより取得した3次元点群データを活用する技術が急速に進展している。車載型MMS（Mobile Mapping System：移動式3次元計測システム）に加えて、バックパック型レーザースキャナやスマートフォン搭載LiDARなど、多様なセンサー類が普及したことにより、取得した膨大なデータから、歩行空間におけるバリア（段差、幅員、勾配）の抽出が可能になった。この3次元点群データを用いて地図を作成し、走行時の自己位置を推定する「SLAM（Simultaneous Localization and Mapping：位置推定と地図作成の同時実行）技術」は、自動配送ロボットの走行時に活用され、実用化段階に入っている。

WGでは、自動配送ロボットなどの走行に必要な3次元点群データ整備・更新の要件や、歩行空間ネットワークデータ（バリア情報や形状の抽出とそれらの統合）の自動生成などに活用可能な3次元点群データ整備・更新の要件について検討している。

たとえば3次元点群データの取得機器や方法については、それぞれ以下のようなメリット・デメリットがある。

- 車載MMS：
  車道は高精細だが、歩道は欠損が多い
- 台車搭載MMS：
  歩道を最も精緻に再現するが、データ量が大きい
- バックパック型スキャナ：
  MMSに比べて点群密度が低く、計測位置から遠くなると密度が低下する
- ハンディ型LiDAR：
  バックパックよりも点群が低密度
- スマートフォンLiDAR：
  点群は高密度だが、取得範囲が狭い

こうした特徴をふまえ、多様な3次元点群データの統合処理やフィルタリ

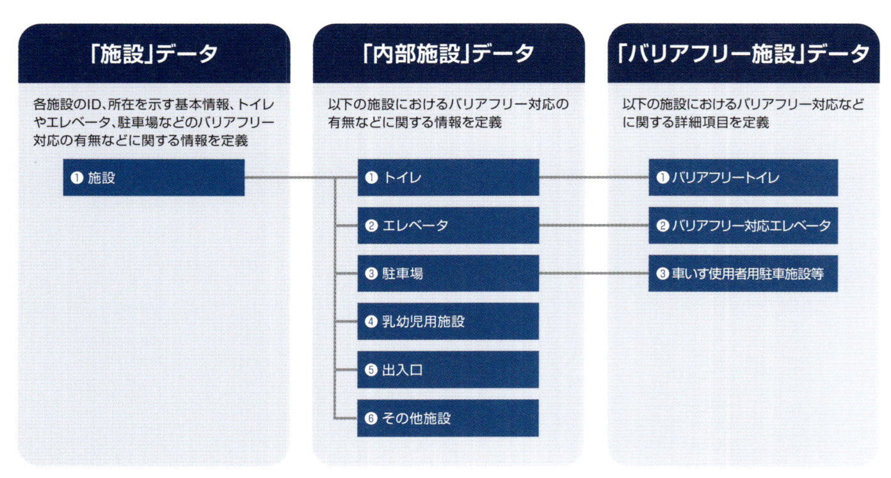

図3　バリアフリー対応施設データの構成

注1）車椅子使用者対応トイレのバリアフリー情報のオープンデータについて（東京都福祉局）
https://www.fukushi.metro.tokyo.lg.jp/kiban/machizukuri/bf_data

ングを行うことによって情報を補正し、自動配送ロボットの走行に必要なデータ整備・更新への活用や、歩行空間ネットワークデータの自動生成への活用を目指している（図4）。

2023年度は、経路設定や自己位置推定に活用できる3次元点群データの要件を整理することを目的に、JR川崎駅周辺において、多様な3次元点群データを活用した走行実証を実施した。走行実証の結果およびロボット事業者へのヒアリングをふまえて点群データに求められる要件を整理したうえで、2024年度は静岡県沼津市の駅前で、プロトタイプを構築した3次元地図整備システムを用いた自治体職員による3次元点群データの取得・加工（フィルタリング・統合処理）・管理を行う3次元地図整備実証を実施した（図5）。

佐田氏は、使う人が「面白い」と興味を引くような技術を使っていくこともデータベースを作っていく方向性の一つとして重要だと指摘した。

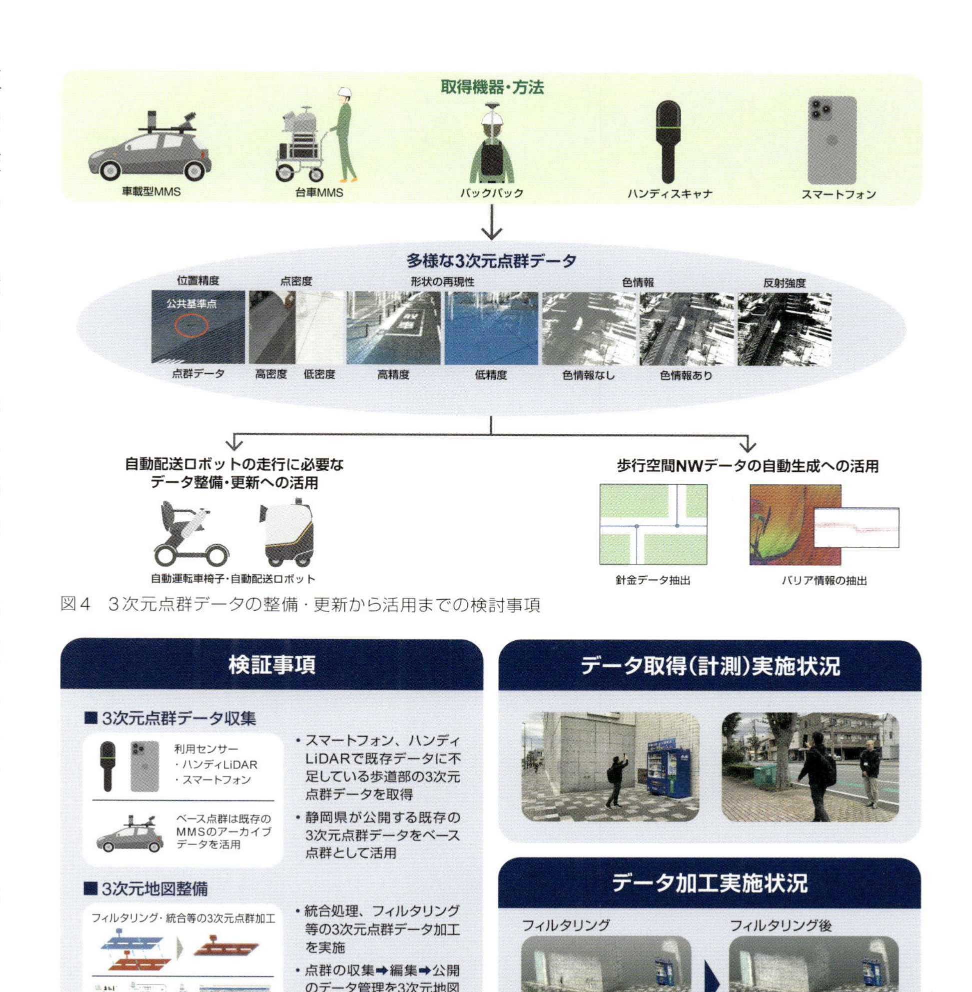

図4　3次元点群データの整備・更新から活用までの検討事項

図5　2024年度の実証

■ 第2部：パネルディスカッション

「持続可能」な移動支援サービスの普及・展開に向けて

コーディネーター
　坂村 健：INIAD cHUB（東洋大学情報連携学 学術実業連携機構）機構長
パネリスト（順不同）
　松田 和香：国土交通省 総合政策局 総務課 政策企画官
　岩城 一美：NPO法人仙台バリアフリーツアーセンター 代表理事
　植野 弘実：川崎市 まちづくり局 指導部 建築管理課 誘導促進担当係長
　大澤 信陽：全日本空輸株式会社 経営戦略室 MaaS推進チーム Universal MaaSプロジェクト 兼 ANAHD未来創造室 モビリティ事業創造部 MaaS事業チーム マネジャ
　池田 朋宏：WHILL株式会社 日本事業部 上級執行役員 事業部長
　網本 麻里：本プロジェクトアンバサダー 車いすバスケットボール選手（オンライン）

第2部のパネルディスカッションの開始にあたり、本プロジェクトアンバサダーの一人である瀬立モニカ氏による動画コメントが紹介された。瀬立氏は「車いすユーザが日常生活の移動において感じる困難を障害とするならば、その障害は物理的な社会との壁を作るだけではなく、心の壁を作ってしまうことにつながるのでは」と問いか

瀬立 モニカ 氏

ける。そして「より多くの人たちが暮らしやすい社会が来ることを、そして持続可能な技術、また移動支援の選択の幅が広がることを心から願っています」と科学技術の進歩とともに障害が障害でなくなる未来がくることに期待を寄せた。

●障害がある人だけでなく誰に対しても配慮を

本プロジェクトのアンバサダーで車いすバスケットボール選手の網本氏は現在フランスのクラブチームに所属しており、フランスからオンラインでの参加となった。海外に行くと日本の技術の進歩を感じる一方で課題も見えるという。車いすバスケットボールの遠征は、車いすをはじめ大きな荷物を持って移動することになるが、海外の空港には一度に6人ぐらい乗れる大きなエレベーターがあり、待ち時間も少なくスムーズに移動できるのだという。網本氏は「障害がある人だけではなく、通院中の人やベビーカーを使っている人など、誰に対しても配慮ができる世の中にしていきたい」と本プロジェクトへの意気込みを述べた。

●行きたい旅を叶えるバリアフリーツアー

岩城一美氏が代表を務めるNPO法人仙台バリアフリーツアーセンターでは、障害者や高齢者の旅のサポートを行っている。

たとえば車いすユーザは電車の単独乗降が難しいため、乗車券はみどりの窓口で一括手配しなければならないが、車いす専用の窓口は、全国でも仙台駅をはじめとした数か所しかない。また、エレベーターの場所がわかりにくかったり混雑したりしていると、移動に時間がかかってしまって予定していた電車に間に合わないこともある。旅を安全で快適に過ごすためには、旅行先のバリアフリー状況も重要になる。車いすユーザであれば坂道の勾配や段差の情報、視覚障害者であれば音響機器のある信号機の位置や点字ブロックの有無などを事前確認できれば、旅行の計画を立てやすくなる。このように、バリアフリー情報があらかじめわかれば、安全に外出ができ、効率的に時間を使うことができる。

仙台バリアフリーツアーセンターは仙台観光国際協会と協力して、約1年かけてバリアフリーのモデルコース「仙台-松島 Smooth Trip」を作成した[注2)]。朝7時に仙台駅を出発して1泊2日で松島や仙台城跡を観光できるコースだ。

岩城氏は「行けるところから行きたいところへ叶える旅に出よう」をモットーに活動を続けていきたいと語った。

●ユニバーサルデザインのまち川崎市

川崎市の植野弘実氏によると川崎市は羽田空港に隣接し、JR・私鉄計11路線55駅を要する首都圏の交通の要所である。川崎市では誰もが訪れやすく暮らしやすい『ユニバーサルデザインのまち』にすることを目標に掲げ、バリアフリー基本構想を策定(改定)。それに基づき、バリアフリーマップの整備、誰もがわかりやすい公共サインの整備、UD(ユニバーサルデザイン)タクシーの普及促進・乗り場整備、駅アクセス向上の取り組み(橋上駅舎化など)、鉄道駅ホームドアの整備といったまちづくりに取り組んでいる。

バリアフリー基本構想は、バリアフリー法に基づき市町村が定めることができる。川崎市では市内主要18駅周辺において8地区のバリアフリー基本

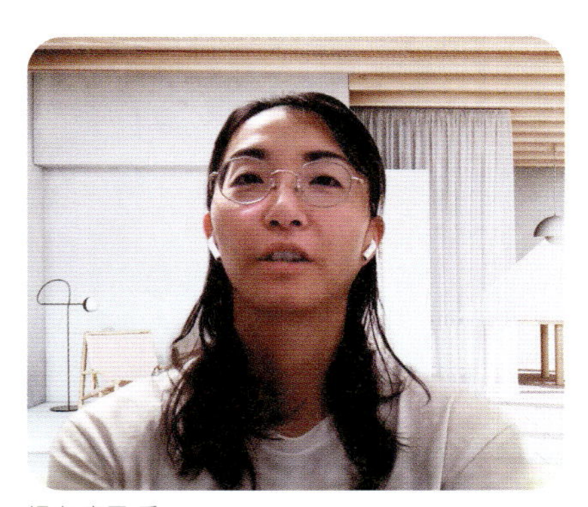
網本 麻里 氏

岩城 一美 氏

植野 弘実 氏

大澤 信陽 氏

池田 朋宏 氏

松田 和香 氏

構想を作成し、駅を中心とした地区などでバリアフリー化を重点的、一体的に推進している。具体的な事業として、高齢者や障害者、乳幼児連れの方々などの外出をサポートするため、2012年から市のウェブサイトに掲載している地図情報システム「ガイドマップかわさき」にてバリアフリーマップを公開している注3)。市内の高齢者や障害者など不特定多数の人の利用ニーズが高い施設の情報を掲載し、2018年からはバリアフリー基本構想を定めている駅を中心に経路情報を追加した。なお、本バリアフリーマップの施設情報や経路情報は、国土交通省の「歩行空間ネットワークデータ整備仕様(2018)」に対応しており、施設の駐車場やスロープの傾斜、エレベーター、トイレなどの情報について検索できる。道路の幅員や誘導用ブロックの設置情報などの経路情報に関して、植野氏は「駅を中心とした地区から順次整備を進めている」と進捗を述べた。

●Universal MaaS ～誰もが移動をあきらめない世界へ～

Universal MaaSとは、ユニバーサルデザインの発想でドア・ツー・ドアの移動を一つのサービスとして提供する取り組みである注4)。全日本空輸株式会社(ANA)の大澤信陽氏は、本プロジェクトは2018年にANAグループ社員による自発的提案活動より始動し、2019年より産学官連携の本格的な実証実験を開始、2020年度から5年連続で国土交通省の「日本版MaaS推進・支援事業」に採択されており、現在は55団体が参画していると紹介した。

現在実証実験として二つの事業が進んでいる。一つは、交通移動、宿泊、観光サービス利用の「一括サポート手配」だ。これまでは各事業者に個別に介助依頼をする必要があったが、解除手配窓口を一元化することで当日の移動が円滑に行える。もう一つは、徒歩移動時の「ユニバーサル地図ナビ」で、自治体側と利用者側の双方の目線によってさまざまな情報を集約し、徒歩移動の参考情報を提供するサービスだ。

大澤氏は「Universal MaaSを日本全国そして世界に広げるには時間も人も足りない」と、広く協力を呼びかけた。

●WHILLですべての人の移動を楽しくスマートに

株式会社WHILL(ウィル)の池田朋宏氏によると、同社は2012年に創業し、次世代型電動車いす／近距離モビリティ「WHILL」のサービスを展開している注5)。歩行困難者は世界で2億人いるといわれているが、WHILLは施設内や歩道などの歩行領域での移動を、デザインとテクノロジーの力を使って支援することを目指している。WHILLは道路交通法的には電動車いすとして扱われ、免許不要で歩道を走行できる近距離モビリティである。このメリットを活かし、全国のショッピングモールや観光スポットなど、さまざまな施設で導入されている。

池田氏は、自宅周辺および目的地の両方で近距離移動の需要があるとし、「所有および一時レンタルでの利用を一気に普及させて歩行領域の移動を便利にしていきたい」と展望した。

●バリアフリーマップの整備と活用

国土交通省の松田和香氏は、デジタル機器の高機能化とスマートフォンの普及により、バリアフリーマップ作成の環境が整っていると指摘した。そのうえで、限られた予算の中でいかにデジタルツールを活用し、知恵と協力を結集し普及を進めるかが課題だと述べた。

注2) 仙台観光情報サイト せんだい旅日和 https://www.sentabi.jp/feature/barrierfree/
注3) ガイドマップかわさき バリアフリーマップ https://kawasaki.geocloud.jp/webgis/search_barrier-free.html
注4) Universal MaaSプロジェクト https://www.universal-maas.org/
注5) WHILL https://whill.inc/jp/

●オープンデータを活用した持続可能な社会づくりへ

ここから坂村機構長をコーディネーターとしたディスカションがスタートした。

岩城氏は、川崎市の取り組みに対して「宮城にはバリアフリーマップがない」という現状を訴えた。植野氏は川崎市ではバリアフリーまちづくり連絡調整会議の場で、学識者や福祉事業者、障害者団体などからヒアリングを行っているが「川崎市のバリアフリーマップは使いにくい」という意見もあるという。しかし行政の限られた予算の中でマンパワーを割いて更新頻度を高めていくのは難しい、と持続可能性への課題を吐露した。

坂村機構長が会長を務める公共交通オープンデータ協議会は民間企業や団体の協力によってさまざまな公共交通データを公開している。このデータは、Google マップで利用されたり、視覚障害者向けのアプリが開発されたりと、多くの場面での活用が広がっている。坂村機構長は「一昔前はデータを皆で使うためには標準化が求められていたが、最近はAIがデータの変換やフィルタリングなどの処理をやってくれるので、出せるものがあるならどんどんオープンにしてほしい」と強調した。

国土交通省のデジタルツイン実現プロジェクト「PLATEAU（プラトー）」にも話が及び、坂村機構長から「PLATEAUでバリアフリーデータを整備する計画はないのか」と尋ねられた松田氏は、「国土交通省としては各地域でデータを作っていただくための支援ツールを提供するというスタンス」と回答。支援ツールを使えば、たとえばPLATEAUにすでに入っているデータに対して各地域の点群データを組み込んで、自動配送ロボットや自動運転車いす向けのデータを作ることもできるだろう。

●自動運転車いすによる移動サービス

植野氏は池田氏に、電動車いすの可動性やバッテリー消費などの課題に対しWHILLが工夫している点を尋ねた。池田氏は、歩行が困難になって車いすに乗ることになると、室内に入るときに求められる小回りやスピード制御などは、歩いている感覚と同じような操作性が求められる。また、屋外では完璧にバリアフリー整備された環境が難しい中で、ちょっとした段差や傾斜などを通るときの走破性と安全性を追求しているという。

羽田空港の出発ゲートラウンジでは自動運転のWHILLによる移動サービスが提供されている。Universal MaaSを展開するANAの大澤氏は空港内の移動手段の一つとしてのWHILLの有効性を感じつつも、「そもそも空港まで来られない、家から一歩も出られないという方のために、まずは歩行領域から」と考え、利用者側と自治体側の悩みの両輪を一気に解決するためのツールとして、ユニバーサル地図ナビがあると説明した。飛行機や新幹線のような長距離移動の前後に発生する近距離の移動手段の選択肢が増えることで、自宅から目的地までの移動手段がスムーズにつながっていく理想像も見えてくる。

松田氏は、WHILLのような自動運転車いすが今の電動キックボードのように乗りたいときにそこにあるような存在となり、歩行が困難な人だけでなく、たとえば荷物が多いときなどに誰もが気軽に乗れるような社会の実現に期待を示した。そして、そのような社会で屋外の自動運転WHILLが展開されていけば、3次元点群データの活用の幅が広がるのではないかと提起した。池田氏は「プロトタイプで終わらせない」を社是として世の中への実装を考えているとしたうえで、将来的には屋外空間への展開を見据えていると説明した。そのうえで現在は、技術的にも自動運転が可能な室内空間に焦点を当てて、特に空港の手荷物検査後のゲート移動に絞り、世界中の空港で自動運転WHILLの導入を目指していると述べた。

●障害者当事者だけでなくサポートする側へも情報提供を

聴衆から車いすユーザの岩城氏へ「車いすユーザとして困っていることは？」という質問には、「まず今日の壇上に上がる際にも困った」と昇降機を使ったことを明かした。そして、ホテルの選択が旅行の満足度を大きく左右するなか、バリアフリールームの情報公開が少ないことを課題としてあげ、デジタル空間を活用したわかりやすい情報提供の必要性を提起した。また、「もし困りごとに優先順位をつけるなら？」という質問には、「エレベーターを譲ってほしい」と回答。移動の際にはまず到着までの時間を逆算するところから始めるが、一つ一つの行動に労力と時間がかかるし、SNSやネットで調べていても外に行かなければわからない情報も多いという。

坂村機構長は、障害者当事者だけでなく、障害者を介助する人や同伴してサポートする人への支援として役に立つデータや情報を提供することの重要性についても指摘。「サポートする側も情報がないとサポートしにくい」（岩城氏）、「車いす用トイレが男女別のトイレにしかないと異性に介助されている人が利用しづらい。あるいはスロープがあっても傾斜が急だと自力では昇れず介助が必要になるので情報がほしい、という声もある」(植野氏)、「サポート役の人が一緒に移動していると交通事業者としても安心感がある。サポートする人は事前にものすごく調べているし、そういう方々からの意見も貴重」(大澤氏)などの意見が出た。池田氏は娘が重度障害で大型の車いすを使っていることを明かし、「車いすで移動するための道を選ぶのはたいへん手間がかかることなので、データが共有されて事前にわかることは重要」と実感を込めて語った。

松田氏は、障害者当事者だけでみると少数のためビジネスが成立しにくいといわれることに触れ、「私たちがやりたいから予算をくださいといっても現実的には厳しい。民意と政治は複雑に絡み合っているが、声が大きくなると動くこともある。自動運転は国策として国際競争力の観点からも重視しているし、災害対策にも多くの予算が割かれている」とした。そして「支援者まで含めれば非常に多くの人がデータを必要としているということを理解してもらい、皆でデータ整備をしていくためのムーブメントを作り出していくことが必要」と訴えた。坂村機構長は「このシンポジウムは国土交通省に何か提言したい、問題提起したい人が来ている」と、さまざまな意見が寄せられていることを紹介しつつ、「法律を作るのは政治家。政治家が動かないと省庁だけでは動けないことも多い」とフォローする。国民の声によって政治家を動かすことが必要なのだろう。

●縦割り行政から横串の連携へ

聴衆からの「国土交通省が道路工事の申請情報を持っているのであれば、歩道の図面や情報もデジタル化できるのではないか」という質問に対して、松田氏は「現実的な歩行空間として、駅から1～2キロ圏に国道は1路線あるかないかで、ほとんどが市道や県道でデータの所有者が分かれている。一体となってデータをオープンにできるよう働きかけたい」と縦割り行政への課題についても言及した。また日常的に道路をパトロールしており、信号機を管理している各地域の警察とも協力関係を築いていくと良いのでは、という聴衆からの提案もあった。

縦割り行政への課題については、たとえば福祉行政と交通行政といった行政間の連携や、国や自治体と民間企業との連携など、横串での連携に期待する声も多い。松田氏は「連携の重要性は理解していても強制はできないので、政策を進めていくにはこうしたシンポジウムなどを通じて広めていくことが大事」と述べた。

池田氏は「国、自治体、民間企業それぞれの役割がある。我々はWHILLを民間のホテルや遊園地などに展開しているが、目的地側の施設は大きな公園や美術館、博物館などで、国や自治体が管理している場合が多い。こうした施設では移動距離や滞在時間が長いほうが満足度は上がるので、協力してWHILLをレンタルシェアリングできる状態を作っていきたい」と展望した。大澤氏は「自治体もさまざまな切り口で横の連携を作ろうとしていて、熱量のある職員さんたちが盛り上げてくれている」、植野氏は「川崎市のバリアフリー基本構想はもともと交通バリアフリーの観点からハード面の整備を進めていたが、最近は心のバリアフリーを推進する流れになっているので、別の事業部局や交通事業者、福祉事業者などと協議をしながら改訂を進めている」、岩城氏は「ツアーセンターは全国にあるので、どこかしらで皆さんとつながりが持てると思う。観光業に関しては、福祉や障害に対して必ずしも福祉の役職ではない部局が担当している地域もあるので、統一してほしい」と各々の立場から実情を述べた。

●福祉とビジネスをウィンウィンの関係に

坂村機構長は、「日本では福祉とビジネスは関係ない。福祉にお金を絡めるのは良くないことだという考えが多かったが、これから労働力が減少して障害者も重要な働き手となる時代になっていく。ビジネス的要素も重要になるのでは」と問題を提起した。岩城氏は「福祉とお金はウィンウィンな関係で、たとえば障害者や高齢者が家族で旅行に行けば、楽しい思い出もできてその土地の経済活性化にもつながる」と前向きに述べた。植野氏は「川崎市がバリアフリーマップの情報をオープンデータ化しているのは民間の事業者に活用してほしいから。使いやすいアプリを作って事業化するには民間事業者の力がないと難しい」と民間の参画を呼びかけた。

大澤氏は「社会的価値の創造と経済的価値の創造の両輪で進めることが大事。ANAが民間でこうしたサービスを手掛けるのは、最終的に新規移動需要を喚起するため。私たち交通事業者は各観光地までの移動手段を手配して、最終的な観光地にお客様をお送りすることがゴールなので、移動需要の喚起にもつながるし私たちのお客様も増えることになる」と双方にメリットがあることだと説明。「誰もが移動をあきらめない世界は皆さんの協力がないと成しえない」と強調した。

池田氏は「民間企業なのでサステナブルに解決するには収益性を担保しないといけない。一方で、高齢化が進ん

で歩行が難しい方は潜在的にも増えていくのに介助する人は少なくなるというアンバランスがどんどん大きくなっていく状況は、技術の力も使って解決していきたい。我々はその技術を製品やサービスに昇華させて提供しているが、まだマーケットが大きくなる手前にいる段階。WHILLをもう少し安い金額で購入したいという声や製品を一時的に使いたいという声は多いので、国や自治体のしくみで、購入に必要な助成や、施設側のバリアフリーを推進するための助成などによって、両天秤で回っていくことが必要」と見解を語った。

松田氏は「データを使いやすい形でオープンにすることで、たとえば3次元点群データを街の中心部で整備しておけば、将来的に自動配送ロボットの業者が参入しやすくなる。そこでビジネスを始めると経済効果が生まれ、雇用が増え、街も便利になって人が集まってくる。こうして、先を見据えたビジネスという観点で地域、自治体、交通事業者が協力していくことにつながっていく。すぐに収益にはつながらなくても、長い目で見れば地域に経済効果が表れてくるものだということを理解していただきながら、データ整備を進めていきたい」とし、さらに「公共交通関連のデータの標準フォーマットは世界的に決められたものがあるが、バリアフリー施設の標準フォーマットはまだないので、日本で作ればそれが初めてになる。日本で作ったデータが大手のサービスで使われるようになれば、さらに新しいサービスにつながったり来訪者が増えたりして、世界に広がっていける。そういう可能性を大々的に宣伝して、事業者の方や自治体の方たちと共有していきたい」と、日本発のバリアフリーデータが標準フォーマットとして広まることに期待を寄せた。

＊＊＊

パネルディスカッションには聴衆から熱のこもった意見や質問も多く寄せられ、歩行空間DXに対する期待の高さが伺われた。障害の有無にかかわらずさまざまな立場の人が意見を交わし合い、前向きな未来を創っていくことが、バリアフリーの最初の一歩でありゴールなのだろう。

坂村機構長は「今回いただいたたくさんの意見を研究会や委員会でも参考にして前進させたい。継続的で終わりのないプロジェクトなので、実現できたことには『良かった！』と言ってもらえると励みになるし、今後も忌憚のない意見をお寄せいただきたい」と締めくくった。

SBOM（Software Bill of Materials）は、ソフトウェアを構成するすべてのコンポーネントや依存関係をリスト化したソフトウェアの部品表のことだ。ソフトウェア部品を可視化することで既知の脆弱性を迅速に特定・対処できるため、セキュリティリスクの低減と安全性の向上に有効であるが、組込みシステム開発ではまだ一般的ではない。意識の高いユーザから要求があれば提供される可能性はあるが、開発者にとっては負担に感じることが多いようだ。

一方、PCアプリケーションでのSBOMの利用は広まっており、開発者が用意した環境記述ファイルが、そのままSBOMの代用品として使えるようになっている。つまり、わざわざSBOMを作るのではなく、既存のファイルが流用できるようになっている。本稿ではその内容を説明する。

CI/CD──ソフトウェアバージョンの記述

CI/CDは、ソフトウェア開発において、ビルド、テスト、デプロイメントなどの工程を自動化して継続的に行う手法だ。Continuous Integration/Continuous Deliveryの略で、継続的インテグレーション／継続的デリバリーとよばれる。

PCやサーバー上のアプリケーション開発においてCI/CDを採用している場合は、開発に必要なソフトウェア（OS、コンパイラ、ライブラリなど）のバージョンなどを機械可読ファイルで記述するのが普通になっている。

CI/CDをもう少し細かく見ると具体的には、以下の作業を、継続的かつ頻繁に行う開発手法、またはそのシステムをいう。

1. 集中管理するソースツリーに多くの開発者の変更部分を集めて適用して（Integration）、ビルドを実施する。
2. ビルドが成功したらテストを行う。
3. テストにパスしたらその成果物を提供（Delivery）する。

こうしたCI/CDサービスは、クラウド上の分散ソース管理サービスの一部として提供されることが多く、また単独のツールとしても広く利用されている（例：GitHub Actions、GitLab CI/CD、Jenkins、CircleCIなど）。

CI/CDサービスを切り替えたり、あるいはクラウド上の仮想マシン構成を変更（CPUの変更、メモリの増減など）したりする際には、ソフトウェアやハードウェアに関する環境の記述を書き変えるだけで、一台どころか、数十、数百の仮想マシンの設定がコマンド一つで行える。そして、こうした開発環境では、開発環境を機械可読な形式で記述することが欠かせない。

一方、組込み開発環境では、こうしたCI/CDの恩恵を受けにくい状況がある。ハードウェア依存性やRTOSの多様性がCI/CD導入の障壁となっており、機械可読形式で開発環境を記述するメリットを感じにくいからだ。

trivy：セキュリティリスクを可視化するツール

CI/CD環境の構築には、必要なソフトウェアのバージョンや、それに依存する別のソフトウェアのバージョンが詳細に記述される。これらの情報は、設定ファイルとして管理されることが一般的であり、その代表的な形式としてYAMLやDockerfileがある。

YAMLは、人間にも機械にも読みやすいデータ記述形式であり、依存関係の管理によく用いられる[1][2]。

また、Dockerfileは、クラウド環境で広く使われるDockerコンテナを構築するための手順を記述するファイルである[3]。Dockerコンテナとは、アプリケーションとその実行環境を一つのパッケージとしてまとめ、どこでも同じ動作を保証できる仮想化技術の一種である。

これらのYAMLファイルやDockerfileを、SBOMの標準フォーマットであるCycloneDX[4][5]に変換するツールが存在する。さらに、YAMLファイルやDockerfileをSBOMの形式として直接利用する「trivy」というツールも登場している[6]。

trivyは、ソフトウェアの依存関係から脆弱性の影響をうけていないかをスキャンして結果を報告するツールだ。現在使われている何種類かのフォーマットのSBOMファイルを読める。またソースコードやコンテナイメージからCycloneDX形式のSBOMを生成できる。一般の応用開発には便利に使える。

その一例として、メールクライアントソフトThunderbirdの開発者向けソースツリーをtrivyでスキャンした結果を紹介する。SBOMを明示的に用意しなくても、trivyが依存関係や脆弱性を自動で解析し、結果を表形式で出力してくれる（表）。これは開発元であるMozilla Foundationが用意したThunderbirdのCI/CD環境に含まれるビルドやテスト用の環境記述ファイルをtrivyが解析した結果になっている。使われているライブラリにセキュリティ問題があるといった結果が出力されている。

先に述べたように、組込みシステムではRTOSが多種多様でハードウェア依存性が複雑なため、trivyのようなツールの普及は簡単ではない。しかしそれが実現していけば、組込みシステムの脆弱性は大きく改善させることができるだろう。

トロンフォーラム会員ページでは、組込み開発環境の商用CI/CDサービスへの適用について議論している。

コマンド例（commはThunderbirdのソースがあるサブディレクトリの名前）

```
trivy filesystem --dependency-tree comm
```

表　trivyの出力例（trivyが検出した具体的な脆弱性リストの一部）

```
Total: 3 (UNKNOWN: 0, LOW: 1, MEDIUM: 0, HIGH: 2, CRITICAL: 0)
```

Library	Vulnerability	Severity	Status	Installed Version	Fixed Version
atty	GHSA-g98v-hv3f-hcfr	LOW	affected	0.2.14	
crossbeam-utils	CVE-2022-23639	HIGH	fixed	0.8.5	0.8.7
yaml-rust	CVE-2018-20993			0.3.5	0.4.1

```
Dependency Origin Tree (Reversed)
=================================
third_party/rust/clap-2.34.0/Cargo.lock
├── atty@0.2.14, (UNKNOWN: 0, LOW: 1, MEDIUM: 0, HIGH: 0, CRITICAL: 0)
├── yaml-rust@0.3.5, (UNKNOWN: 0, LOW: 0, MEDIUM: 0, HIGH: 1, CRITICAL: 0)
└── crossbeam-utils@0.8.5, (UNKNOWN: 0, LOW: 0, MEDIUM: 0, HIGH: 1, CRITICAL: 0)
    └── ...(omitted)...
        └── clippy@0.0.302
```

【1】YAMLとは何か（2023年12月11日）　https://www.ibm.com/jp-ja/topics/yaml
【2】知ってるようで知らないYAMLのご紹介（2021年9月10日）　https://engineers.ntt.com/entry/2021/09/10/100708
【3】Dockerfile レファレンス　https://docs.docker.jp/engine/reference/builder.html
【4】代表的なSBOMフォーマット「CycloneDX」とは（2023年11月27日）　https://www.hitachi-solutions.co.jp/sbom/blog/2023112701/
【5】CycloneDX　https://cyclonedx.org/
【6】Trivy～コンテナイメージの脆弱性診断ツール～　https://www.designet.co.jp/ossinfo/kubernetes/trivy/

Seminar Schedule 2025年4月～7月

uID講習会

半日　トロンフォーラム／INIAD「Open IoT教育プログラム」

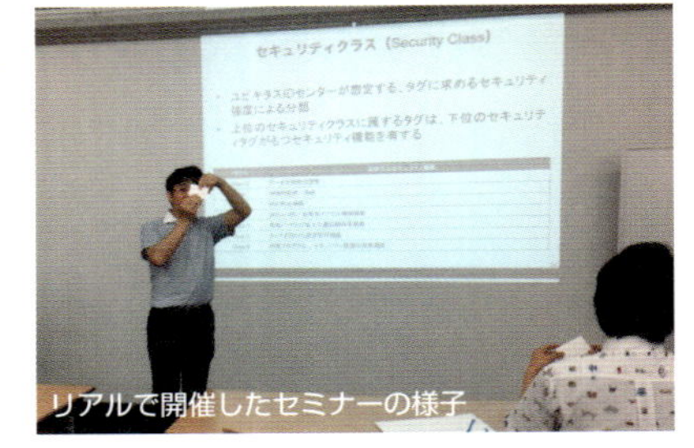
リアルで開催したセミナーの様子

ユビキタスID（uID）アーキテクチャの基本知識として、ucode、ucRによる実世界表現、ucode解決のしくみ、ucodeタグ、ucodeタグへのuIDアーキテクチャの導入について解説。ucode割当の申請希望者必聴のセミナー。

【日時】ウェブでご案内　**【費用】**有料（トロンフォーラム会員には無料枠あり）
【方法】オンライン配信　**【詳細／申込】**https://www.tron.org/ja/seminar/

NXPマイコンの実例でわかる！ Armのセキュリティ対策と検証セミナー

2時間30分　NXPジャパン／サイエンスパーク／アンドールシステムサポート

- IoT機器にセキュリティを提供するNXPマイコン LPC5500シリーズ
- Armのセキュリティ対策「Trust Zone-M」とは
- TrustZoneだけでは守れない！ IoTセキュリティ対策の実例

【日時】オンデマンド開催（いつでも、どこでも視聴できます）
【費用】無料
【詳細／申込】https://www.andor.jp/arm-dev/arm-webinar/advanced-security2/

電子機器のテストを自動化するPXI / LXI 入門Webセミナー

40分　アンドールシステムサポート

センサーを活用するIoT機器に対し、海外の開発現場でテストを効率化するために活用されている、実際のセンサーの代わりに、電気的に再現するエミュレータや自動テストの為のPXI/LXIについて紹介する。

【日時】オンデマンド開催（いつでも、どこでも視聴できます）
【費用】無料
【詳細／申込】https://www.andor.jp/pickering/pxi-seminar/

イーソル 組込みソフトウェビナー

オンデマンド　イーソル

T-KernelをベースとしたRTOSをはじめ、シングルコアからマルチ・メニーコアまでをサポートするスケーラブルRTOSなどのイーソル製品や、関連する技術の動向について紹介するウェビナーを定期的に開催。

■過去に開催したウェビナーの一部をオンデマンド公開中：
- あらゆるコア構成に柔軟に対応できるイーソルのスケーラブルリアルタイムOS
- エッジコンピューティングに対応する、仮想化技術の概要
- 次世代の製造現場を支える産業ネットワークソリューションと組込みプラットフォーム
- Arm社認定Armアーキテクチャトレーニング 無料体験
- T-Kernelの基礎知識から導入メリット
- 組込み装置・製品の安全なファームウェア更新の事例紹介
- ROS/ROS 2とRTOSで実現する高機能リアルタイムシステム

【詳細／視聴登録】https://hubs.li/Q038Xt5t0　**【お問い合わせ】**E-mail：marcom@esol.co.jp
【その他、直近で開催予定のウェビナー情報】https://hubs.li/Q038Xt6h0

---

* トロンフォーラムは、INIAD（東洋大学情報連携学部）が実施している、高度なIoT技術を身につけたい社会人の方を対象に、IoT関連分野の体系的な知識とスキルを短期間で身につけることのできる「学び直し」のための教育コースである「Open IoT教育プログラム」に協力している。

※セミナーに関するご質問は各セミナー主催者までお問い合わせください。　※このページに掲載ご希望の方は、office@tron.org までご連絡ください。

※各社のセミナーは、2025年3月時点の情報です。費用はすべて税込価格です。
記載内容は変更される場合があります。詳細はウェブにてご確認ください。

T-Kernel導入実習セミナー

1日　パーソナルメディア

これからT-Kernelを利用して組込みソフトウェアの開発を始める人のための、未経験の方も安心して受講できる一日技術セミナー。実習でT-Kernelのソフトウェアの開発からデバッグまで、開発の流れをひととおり体験できる。

【日時】7月10日（木）　10:00～17:00
【会場】パーソナルメディア株式会社（東京・品川区）
【費用】Aコース（実習用機材を持参）：55,000円
　　　　Bコース（実習用機材を貸出）：60,500円
【詳細／申込】http://www.t-engine4u.com/seminar/intro.html

T-Kernelドライバ開発実習セミナー

1日　パーソナルメディア

T-Kernelのデバイスドライバ開発を担当するT-Kernel経験者向けの一日技術セミナー。講義ではドライバの内部構造およびインタフェースなどを説明し、実習ではドライバの開発の流れをひととおり習得できる。

【日時】7月11日（金）　10:00～17:40
【会場】パーソナルメディア株式会社（東京・品川区）
【費用】Aコース（実習用機材を持参）：55,000円
　　　　Bコース（実習用機材を貸出）：60,500円
【詳細／申込】http://www.t-engine4u.com/seminar/expert.html

組込みシステム／ソフトウェア開発者のための抽象化技術とモデリング活用法

2日　高度ポリテクセンター

UML/SysML、USDM、マインドマップ、GTD、WBSなど活用したシステム/ソフトウェア開発の混乱が生じやすい現場にすぐに役に立つさまざまなモデリング手法を習得できる。

【日時】5月29日（木）～5月30日（金）　10:00～16:45
【費用】25,500円
【会場】高度ポリテクセンター（千葉・幕張新都心）
【詳細／申込】https://www.apc.jeed.go.jp/zaishoku/2025/E9911.html

組込み機器における機械学習活用技術

2日　高度ポリテクセンター

パソコン上でCNNを構築後学習させ、そこで得られた学習済みデータを組込みマイコンボードに実装し、画像認識を行う。

【日時】7月3日（木）～7月4日（金）　10:00～16:45
【費用】25,000円
【会場】高度ポリテクセンター（千葉・幕張新都心）
【詳細／申込】https://www.apc.jeed.go.jp/zaishoku/2025/E0861.html

半導体セミナー

ルネサス エレクトロニクス

製品セミナー、ソリューションセミナー、基礎技術セミナーを多数ラインナップ。ぜひ、スキルアップにお役立ていただきたい。

【日時／詳細／申込】https://www.renesas.com/jp/ja/support/training/seminar

Welcome to TRON Forum & Ubiquitous ID Center

www.tron.org
www.uidcenter.org

「組織や応用に縛られない“オープンなIoT(Internet of Things)”の実現を目指して、坂村健・東京大学名誉教授／TRONプロジェクトリーダーのもと、オープンソース、オープンデータ、オープンAPIの開発・普及に取り組む国際的なNPO」―それがトロンフォーラム[注1]である。会員が集まって標準化作業に取り組む作業部会(ワーキンググループ：WG)の活動を中心としており、その活動成果である各種仕様書[注2]は会員による知的財産権(IPR)確認を経て、幹事会員によって構成される幹事会の承認を得たうえで一般公開される。また、こうしたフォーラムの活動状況は、年に3回開催される総会を通じて、会員に情報共有されている。

TRONプログラミングコンテスト2025開催中

本号でも特集されている「TRONプログラミングコンテスト2025」のエントリー締め切りが4月30日(水)と迫ってきている。ご自身でコンテストの対象ボードと同じボードをご用意いただければコンテストへの参加は可能だが、ここはやはり、コンテスト事務局が用意したボードでエントリーして負担を軽くしていただきたい。今回のコンテストのテーマは「TRONxAI AIの活用」となっている。AI技術を取り入れた革新的な作品を募集しているので、腕に覚えのある組込み技術者の方や、これから組込み技術に取り組んでみようと考えている学生や社会人の方の積極的な参加を期待している。コンテスト事務局では、応募者の計画書を審査したうえで、パスした方にはμT-Kernel 3.0が動作する最新のマイコンボードを提供する。前回同様、賞金総額は500万円で参加部門ごとに最優秀賞、優秀賞、特別賞を設けて表彰する予定だ。

参加を希望する方は、ぜひ、お早めにエントリーを行っていただきたい。スケジュールなどについての詳細は、下記の特設サイトをご参照いただきたい。

セミナー開催

2025年度もハンズオンの実習セミナーを複数回実施する予定で企画を検討中である。2024年度はセミナーで使った教材をお持ち帰りいただける「実習セミナー」を複数回実施したほか、コンテスト参加者を対象にしたウェビナーを主催したり、IEEE Consumer Technology Society West Japan Joint Chapterが主催するセミナーに共催したりするなど、多数のセミナーを実施した。

2025年度の実習セミナーやウェビナーの日程および内容は、決まり次第トロンフォーラムのウェブサイトでご紹介するほか、メールマガジンなどで告知を行う予定である。ぜひ、積極的にご参加いただくことをお勧めする。

会員の年会費および有効期間

会員資格に応じた通常の年会費を以下に示す。

トロンフォーラムが各WGの活動を通じて仕様書を作成したり、ソースコード[注3]を開発したりして、トロンフォーラムのウェブサイトやGitHub[注4]で公開する活動の原資は、トロンフォーラムに入会いただいた会員の方にご負担いただく年会費である。ぜひ、多くの方々が入会されるようお待ちしている。

・幹事会員	A会員3口以上
・A会員	1口100万円(1口以上)
・i会員	1口30万円(1口以上)
・B会員	1口10万円(1口以上)
・e会員	1口10万円(1口以上)
・O会員	1口10万円(1口以上)
・学術会員	無料

上記は法人を対象とした年会費だが、トロンフォーラムには個人会員制度がある。個人会員は年会費1万円、学生会員は年会費5,000円だ。有効期間は法人会員と同じで、毎年4月1日から翌年3月31日までである。この会員期間中に発行されるTRONWAREを、会員特典としてお送りしている。なお、トロンフォーラムが毎月1回発行するメールマガジン[注5]は、どなたでも無料で購読可能だ。各種セミナーの開催情報[注6]をはじめ、トロンフォーラムや会員に関する最新の活動状況をお知らせしているので、ぜひご登録いただきたい。

●お問い合わせ

トロンフォーラム事務局
TEL: 03-5437-0572
FAX: 03-5437-2399
E-mail: office@tron.org
https://www.tron.org/ja/

TRONプログラミングコンテスト2025
https://www.tron.org/ja/programming_contest-2025/

注1) トロンフォーラム
https://www.tron.org/ja/
注2) 仕様書およびホワイトペーパー
https://www.tron.org/ja/specifications/
注3) 組込み用リアルタイムOSのソースコード
https://www.tron.org/download/
注4) GitHubのTRON Forumページ
https://github.com/tron-forum
注5) トロンフォーラムメールマガジン
https://www.tron.org/ja/mail-magazine1/
注6) セミナー情報
https://www.tron.org/ja/seminar/

Association for Open Data of Public Transportation

ODPT Association for Open Data of Public Transportation　www.odpt.org

公共交通オープンデータ協議会（会長：坂村健・東京大学名誉教授／TRONプロジェクトリーダー）は、会員が提供する公共交通に関連したさまざまなデータを統一されたAPIで公開することにより、先進的な次世代公共交通情報サービスの構築、およびその標準プラットフォームの研究開発、公共交通政策提言を実施するために作られた。鉄道、バス、航空、フェリー、シェアサイクル等の公共交通事業者やICT事業者および学識経験者等148団体（2025年3月13日時点）で構成される産官学連携の協議会である。英語では「Association for Open Data of Public Transportation」と表記しており、その頭文字から「ODPT」という略称を使っている。

公共交通オープンデータセンター

交通事業者の会員からお預かりした各種データは、公共交通オープンデータセンターから公開中だ。それぞれのデータは交通事業者が指定したライセンスのもとで公開されている。昨年の同時期に公開していたデータセットは約180件だったが、図1のとおり2025年2月26日時点では300件を超えた（ただしチャレンジ限定で公開されたデータも含む）。

このうち、たとえばバス関連リアルタイム情報については、すでに20を超えるバス事業者が公開中だ。プレスリリースとして紹介した事例も、2025年だけで「はちバス」（八王子市、2025年1月20日）、「はむらん」（羽村市、2025年1月20日）、「るのバス」（あきる野市、2025年1月20日）、「ぐるり～ん ひのでちゃん」（日の出町、2025年1月20日）、西東京バス（2025年1月20日）、伊豆箱根バス（2025年1月20日）、など多数に及ぶ。

道路の混雑状況などの外部要因で、時刻どおりの運行が行われているかどうかがわからない場合も、乗車を希望するバスがどのあたりを運行しているのかがわかることで、利用者と交通事業者の双方にとって望ましい状況を生み出せているものと思う。

会員状況

現在、公共交通オープンデータ協議会に会員登録いただいている団体は、鉄道、バス、航空、フェリーなどの交通系WGか、ICT WGのいずれかに登録いただいている。

これから新規に公共交通に関するデータの公開を検討されている交通事業者の方は、ぜひ、公共交通オープンデータ協議会の「会員ポータル」を活用して、ご入会からデータの公開まで、一気通貫に進めていただきたい。ご入会にあたってご不明な点があれば、お気軽に事務局までお問い合わせいただきたい。

なお、ICT会員としての入会をご検討されているSIerの方も、この会員ポータルで入会を申請していただいている。ぜひ、ご活用いただきたい。

会員の年会費および有効期間

ODPTの活動の原資は、ODPTに入会いただいた会員の方にご負担いただく年会費である。今後もさまざまな活動を推進していくことができるよう、多くの方々にODPTにご入会いただきたい。

ODPTでは、毎年4月1日から翌年3月31日までを1年度として活動を行う。会員の種別ごとの年会費は次のとおりである。無償でデータ提供を行っていただくことで、当該年度の年会費を1口支払ったものとみなしている。

- 理事会員　1口30万円（30口以上）
- 特別協賛会員　1口30万円（30口以上）
- 有資格会員　1口30万円（3口以上）
- 一般会員　1口30万円（1口以上）
- アカデミック会員　無料
- 地方公共団体会員　無料

●お問い合わせ

公共交通オープンデータ協議会事務局
（YRPユビキタス・ネットワーキング研究所内）
TEL: 03-5437-2270
FAX: 03-5437-2279
E-mail: odpt-office@ubin.jp
https://www.odpt.org/

図1　公共交通オープンデータセンター　データセットの様子

生成AIの導入は働く人々の生産性を果たして向上させるか？　それとも人を減らす道具になってしまうのか。さまざまな議論が行われている。

米国のセントルイス連邦準備銀行は、2024年8月に米国初の全国規模の生成型AI導入調査を行い、さらに11月に再調査を行った[1]。

- 米国の労働者の9%が毎日使用し、14%が毎日ではないが少なくとも週に1日は使用。
- 生成AIによる時間節約は、総生産性の1.1%増加につながることを示唆。
- 平均して、労働者は生成AIを使用する1時間ごとに生産性が33%向上することを示唆。
- 業種別では、業界全体で、情報サービスが生成AIの使用に費やされた労働時間の割合が最も大きく（14.0%）、時間の節約も最も大きい（2.6%）。逆にレジャー、宿泊、その他のサービスは、最も低く（2.3%）、時間の節約も最も低い（0.6%）。

スタンフォード大学のジョナサン・ハートレー（Jonathan Hartley）を中心とした2024年12月の調査[2]では、

- 12月の時点で、18歳以上の調査回答者の30.1%が職場で生成AIを使用。そのうち約33%は勤務日には毎日利用。
- より若く、より教育水準が高く、より高収入の労働者が、日常業務でAIを最も利用。
- カスタマーサービス、マーケティング、ITなどの業界が最も多く導入。農業や政府などの分野は大幅な遅れ。
- 90分かかる作業が30分で済むようになり、効率が3倍向上。（それに限れば生産性が3倍）しかし、ほとんどの従業員は、週に15時間未満しかAIを活用していない。

我が国では、経済産業研究所（RIETI）の森川正之氏が2024年10月に日本の労働者について調査している[3]。

- AIを仕事で利用している人は現時点では約8%にとどまるが、この1年間で約1.5倍に増加。
- 高学歴、高賃金の労働者ほどAIを利用しており、当面はAIが労働市場全体での格差を拡大する可能性がある。
- AIの利用が経済全体の労働生産性を0.5～0.6%高めていると概算される。

この分野の有力な論客であり2024年ノーベル経済学賞を受賞したMIT経済学部のダロン・アセモグル（Daron Acemoglu）[4]は、AIによる生産性の向上はごく限られているとする懐疑派。

- Economic Policy誌に掲載された論文の中で、アセモグルは、今後10年間でAIによってGDPが1.1～1.6%の「緩やかな増加」を生み、生産性は年間約0.05%しか増加しないと予測。生産性に関しては、「10年間で0.5%という数字を軽視すべきではない。ゼロよりはまし」
- AIに関する彼の重大な懸念の1つは、AIが労働者の生産性向上に役立つのか、それとも人間の仕事を置き換えるかということ。たとえていえばバイオ技術者に新しい情報を提供することと、コールセンターの自動化で顧客サービス担当者を置き換えることの違い。これまでのところ、企業は後者のケースに重点を置いてきた。「現在、AIの方向性が間違っているということ」、「AIを自動化に使いすぎており、従業員に専門知識や情報を提供するのに十分使っていない」
- ちなみに2024年10月のBloombergのインタビュー[5]では、次のように答えていた。「今後数年で展開が考えられるAIのシナリオとして、アセモグル氏は以下の3つを想定している。1つ目は最も良好なシナリオだ。熱狂が徐々に冷め、「ほどほどな」AI利用への投資が定着するというもの。2つ目は、今の熱狂があと1年ほどかけて高まり、ハイテク株の暴落を招く。そして投資家や企業経営者、学生らはAIに幻滅する。「AIの春が終わり、AIの冬」が訪れるシナリオ。3つ目は最も恐ろしいシナリオ。熱狂が何年も放置され、企業は大量の人員を削減、巨額の資金を「用途を理解しないまま」AIに投じるが、計画通りにならないことが分かると慌てて労働者の雇用に奔走する。「その時点で経済全体に負の結果が広がっている」という筋書きだ。このうち最も可能性が高いのはどのシナリオか。アセモグル氏は第2と第3のシナリオの組み合わせだと考えている。企業経営者の間ではAIブームに乗り遅れたくないという気持ちから、熱狂マシンが近くスピードを落とすことが見えなくなっていると同氏は指摘。「そして熱狂が強まればその分、転落は生ぬるいものではすまなくなる」と述べた」

一方、やはりMIT経済学部でアセモグルの同僚のデビッド・オーター（David Autor）は、労働者にとって逆にAIのある未来は明るいとする。

- 「デビッド・オーターは、AI楽観主義者とは思えない。MITの労働経済学者であり、テクノロジーと貿易が長年にわたり何百万人ものアメリカ人労働者の収入をどれだけ減らしてきたかを示す詳細な研究で最もよく知られている。しかしオーターは現在、生成AIがこの傾向を逆転させる可能性があると主張している」[6]
- オーターは2024年2月のNOEMAマガジンに論文を掲載し、「AIが人類に提供するユニークなチャンスは、コンピュータ化によって始まったプロセスに抵抗すること、つまり、人間の専門知識の関連性、範囲、価値をより広い労働者に広げることである。AIは、情報とルールを習得した経験と組み合わせることで意思決定をサポートできるため、必要な基礎訓練を受けたより広い労働者が、現在は医師、弁護士、ソフトウェアエンジニア、大学教授などのエリート専門家に委ねられている、より重要な意思決定タスクを実行できるようになる。本質的に、AIは、適切に使用すれば、自動化とグローバル化によって空洞化した米国労働市場の中程度のスキルと中流階級の中心を回復するのに役立つ可能性がある」[7]

・「オーター氏のAIに対する姿勢は、テクノロジーによる労働力の喪失に関する長年の専門家としては驚くべき転換のように思える。しかし同氏は、事実は変化しており、自身の考えも変化したと述べた。（中略）オーターは、現代のAIは根本的に異なる技術であり、新たな可能性への扉を開くものだと述べた。さらに、AIは重要な意思決定の経済性を変え、現在は高収入のエリート専門家の領域となっている仕事の一部を、より多くの人が引き受けられるようにする可能性があると続けた。そして、大学の学位を持たない人も含めて、より多くの人がより価値のある仕事をできるようになれば、彼らにはより多くの報酬が支払われ、より多くの労働者が中流階級に押し上げられるはずだ」[6]

いやにAIに対して楽観的だが労働経済学者になる前に若い頃ソフトウェア開発者として働いていた経験が影響しているかもしれない。

そして2024年末のWall Street Journalに次のように始まる記事[8]が掲載された。

・「最近ノーベル経済学賞を受賞したMITのダロン・アセモグル教授は、AIは所得格差を悪化させ、生産性にはあまり貢献しないのではないかと懸念している。一方、彼の友人で同僚のデビッド・オーター氏は、AIは正反対の働きをする可能性があると楽観視している。MITの博士課程の学生、エイダン・トナー・ロジャーズ（Aidan Toner-Rodgers）の新しい研究は、アセモグル氏の悲観論とオーター氏の楽観論の両方に異議を唱えている。両教授ともこの研究を絶賛している。「すばらしいことだ」とアセモグル氏は語った。「私は衝撃を受けました」とオーター氏は語った」

この研究の要点は、

・米国の大企業の新材料を発見する研究を行っている研究所の1,018人の科学者を調査した結果、AIを利用した研究者は44%多く物質を発見し、その結果、特許出願が39%増加し、下流の製品イノベーションが17%増加した。驚くことに科学者がAIを使用する前よりも多くの新しい化合物が見つかった。

・化合物の発見に最も成功している研究者はAIツールによってさらに成功を収めたが、他の科学者はそれほど恩恵を受けていない。過去の成功率で上位10位に入った研究者の科学的成果は81%増加し下位3分の1に入った研究者たちは、ほとんど改善が見られなかった。この傾向が経済格差につながる可能性はある。

・科学者たちはAIツールをあまり気に入っておらず、82%が仕事に対する満足度が低下した。科学者たちは、新しい化合物を思いつくという、最も楽しんでいた仕事の部分がAIによって奪われたと感じている。

なおこの研究[9]で扱っているAIツールは生成AIといってもグラフ構造を扱うGNN（Graph Neural Network）ベースで結果が一般化できるかはわからない。

AIにより生産性は向上したものの幸福度が減ってしまうというのは小説に出てきそうな話であるが、仕事とは何かというものを改めて考えさせられる。

参考文献

【1】The Impact of Generative AI on Work Productivity, Federal Reserve Bank of St. Louis（2025年2月27日）
https://www.stlouisfed.org/on-the-economy/2025/feb/impact-generative-ai-work-productivity

【2】The Labor Market Effects of Generative Artificial Intelligence, SSRN（2025年2月14日）
https://papers.ssrn.com/sol3/papers.cfm?abstract_id=5136877

【3】人工知能・ロボットのマクロ経済効果：サーベイに基づく概算，森川 正之，経済産業研究所 RIETI Discussion Paper Series 24-J-033（2024年12月）
https://www.rieti.go.jp/jp/publications/dp/24j033.pdf

【4】Daron Acemoglu: What do we know about the economics of AI?, MIT Economics（2024年12月6日）
https://economics.mit.edu/news/daron-acemoglu-what-do-we-know-about-economics-ai

【5】AIに奪われる職はわずか5%、MITの著名経済学者が現実チェック，Bloomberg（2024年10月3日）
https://www.bloomberg.co.jp/news/articles/2024-10-02/SKQFVMT0G1KW00

【6】How One Tech Skeptic Decided A.I. Might Benefit the Middle Class, The New York Times（2024年4月1日）
https://www.nytimes.com/2024/04/01/business/ai-tech-economy.html

【7】AI Could Actually Help Rebuild The Middle Class, NOEMA Magazine（2024年2月12日）
https://www.noemamag.com/how-ai-could-help-rebuild-the-middle-class/

【8】Will AI Help or Hurt Workers? One 26-Year-Old Found an Unexpected Answer.
New research shows AI made some workers more productive—but less happy., The Wall Street Journal（2024年12月29日）
https://www.wsj.com/economy/will-ai-help-hurt-workers-income-productivity-5928a389

【9】Artificial Intelligence, Scientific Discovery, and Product Innovation*（2024年11月27日）
https://aidantr.github.io/files/AI_innovation.pdf

TRONに関する報道［2025年1月～3月上旬］

TRONシンポジウム関係

1月15日の東京報道新聞は、「坂村健氏、TRONの過去と未来を語る｜これからは、AIの理想の上司になることが必須？」と題して2024 TRON Symposiumの基調講演をレポート。「基調講演の最後に坂村氏は、組み込みエンジニアの数が減少している現状に強い危機感を示しました。その解決策のひとつとして、TRONプロジェクトではコンピューターとAIを連携させ、組み込みOSシステムの開発を効率化する方法を模索していると語りました。（中略）さらに、AI活用の展望についても触れ、「今後の技術者は、AIを使いこなせる人とそうでない人で二極化が進む」と予測。「生成AIで自分の思考力を高められる。AIにとって理想的な『上司』になれるよう、もっと活用してほしい」とメッセージを送りました。講演の最後には、TRONプロジェクトを支える組織の方へ感謝を述べ、坂村氏の熱意と未来への期待が込められた言葉で締めくくられました」

コンテスト関係

Interface編集部は1月22日に、「お知らせ：TRONプログラミングコンテスト2025開催」とウェブサイトに掲載。

2月23日のTECH.ASCII.jpは、「自転車の方が早いを探すルート検索、海が見えるタイミングで震えるアプリも“開かずの踏切”マップが一推し　公共交通データのアプリコンテストが粒ぞろいだった」というタイトルで公共交通オープンデータチャレンジ2024の結果を紹介。「同コンテストは、公共交通オープンデータ協議会と国土交通省が主催した、賞金総額300万円のアプリコンテスト。鉄道や路線バス、コミュニティバス、フェリー、航空・空港、シェアサイクルの事業者も協力し、公共交通分野のオープンデータコンテストとしては“過去最大規模”になったという。国内外から約500人の開発者がエントリーした。最終結果のサイトでは、粒ぞろいの入賞作品を閲覧・ダウンロードできる。ここでは、最優秀賞の「急がば漕げマップ」および、準最優秀賞の「PoiCle / ぽいくる」、「RailroadCrossFree」について紹介する」

電脳住宅関係

3月5日の東洋経済ONLINEには「米中に出遅れ「日本のスマートホーム」普及のカギ データ連携サービスで大企業がタッグを組む訳」という我が国のスマートホームの現状についての長文の記事。その冒頭部分には、「世界最大の電気・電子技術学会IEEE（本部・アメリカ）が歴史的偉業を表彰する「マイルストーン」に、東京大学の坂村健名誉教授を中心に1989年12月につくった「TRON電脳住宅」が2024年10月認定された。住宅にコンピューターやセンサーなどを装備して生活に便利な機能・サービスを提供する「スマートホーム」の発祥が日本であると世界的に認められたことになる。「TRON電脳住宅」から35年––。日本ではスマートホームの普及に向けてさまざまな取り組みが行われてきたが、（技術はあっても）遅々として（オープン化が）進んでいない（ことがネックになっている）のが実情だ。業界団体であるリビングテック協会の2023年の調査では、スマートホーム・スマート家電の普及率は、中国が92%、アメリカが81%に対して、日本は13%にとどまっており、その後も大きな変化は見られない」

坂村健関係

1月27日の日刊建設工業新聞には「国交省／歩行者空間DXシンポ／バリアフリーやロボ情報、3Dマップにデータ化」。「国土交通省は23日、第2回「歩行者空間DX研究会シンポジウム」を東京都北区の東洋大学赤羽台キャンパスINIADホールで開いた＝写真。オンラインも併用した。テーマは「持続可能な移動支援サービスの普及・展開に向けて」。同大学の坂村健学術実業連携機構長が同研究会の趣旨を説明。（中略）後半は「『持続可能』な移動支援サービスの普及・展開に向けて」と題してパネルディスカッションを行った。坂村氏がコーディネーターを務めた」

月刊公明3月号の「特集：加速する情報社会」にはデジタル技術を積極的に活用して社会の変革を促すべきという趣旨の「デジタル活用は人間の不安を乗り越える希望でもある」を寄稿。

インターネット番組への出演が目立つ。東京都北区を拠点とした地域密着型のインターネットラジオ局「しぶさわくんFM」のやまだ加奈子北区長の番組「Kanako-Vision ～あなたと描く北区未来予想図～」に出演。2月4日は、「#20「IoTの父」世界の坂村教授と北区の「連携」｜ゲスト：坂村健さん」。この日のテーマは「「IoTの父」世界の坂村教授と北区の出会い」および「北区、UR都市機構、様々な「連携」をするINIAD」。2月18日は、「#21「DXが切り拓く北区の未来」｜ゲスト：坂村健さん」。「DXと紙を同時進行してしまう日本の課題」および「北とぴあに設置されたINIAD cHUBのデジタルサイネージの効果は？」をテーマに語り合った。

NewsPicksが1月22日に配信したWEEKLY OCHIAI シーズン5「伝説の開発者が願う「AI新世界」【知の先駆者たち 国産OS編】」に出演。番組プロデューサーのフレコミ「およそ40年前、その言葉が存在する以前にIoTのコンセプトを提唱し、現在、世界で6割のシェアを誇るOS「TRON」の生みの親である坂村健さん。なぜこれだけ偉大なものを開発できたのか？　TRON開発の裏話や当時の時代背景、苦労話のほか、そしてこれから本格的に到来すると見られるAIを多くの場で駆使していく「新世界」がどのような形となると考えているのか聞けたらと思います」。なおホストの落合陽一氏の博士学位（東京大学 博士（学際情報学））の審査においてプロジェクトリーダーは副査を務めていた。

［記事一覧］はウェブで（→P.60参照）

編集後記

最近あるイベントに呼ばれて、生成AIと教育に関する話をしたが、そのとき他の発表者の話を聞いて、いまだに「ハルシネーションに対する注意」をメインに話していたのに驚いた。そのことに驚いたことで、逆に気が付かされたのは、2023年くらいまでは、ちょっとわかった感じの人がAIと言えば「ハルシネーションに気を付けろ」だったのが、最近そういう話をあまり聞かなくなったことだ。そして、そのことを、私自身、普通に感じているということだ。

ハルシネーションはいまだにゼロではないし、注意すべきとも思うが、AIと言えば最初に「ハルシネーションに気を付けろ」というような風潮は、あっという間に過ぎ去ってしまったように思う。もちろん、「AIと言えばハルシネーション」が皆の常識になってしまって、わざわざ誰も言わないということもあるかもしれないが、多分そうではないだろう。

何と言っても大きいのは、普通に使っていて、どんどんハルシネーションが減っているということだ。2022年11月のChatGPT登場のころは、「夏目漱石の主な著作は」と聞くと「源氏物語」とか「我輩は中国人である」とか答えていた。それが今は、ちょっとやそっとでは、そういうあからさまなハルシネーションは起こせない。2022年の11月から今まで、ほんの2年半程度だ。今や、人間の思い込みや知ったかぶりの人より、むしろAIの答えのほうがハルシネーションが少ないぐらいではないだろうか。

当時、「AIはこんなバカな間違いをする」とか、もっと悪意がある人は「AIは嘘をつく」などと言う人もいた。しかし、私は「ハルシネーションを嘘と言うと、AIに悪意があるように錯覚する。ハルシネーションはむしろ、AIが人間の要求に応えようと、知らないことまで推測で補ってしまうために起こるものだ。しかし、AIの学習量が増え、検索で回答の事実確認をするなどの進歩により、ハルシネーションはどんどん減っていくだろう。問題は、AIがハルシネーションを起こすことではない。常に人間の要求に応えようと頑張るAIが、むしろハルシネーションをほとんど起こさなくなったとき、人間がAIに判断まで委ねて責任放棄したくなるという欲求に逆らえるかだ」と、当時から言っていた。

「ハルシネーションに対する注意」をことさらに言う、その久しぶりの時代遅れな発表に接して、逆にその問題がますます現実味を帯びてきたと感じた次第である。

（坂村 健）

次号VOL.213は2025年6月16日発売予定です。

記事ucodeを使って、本誌記事をPC・スマホで読むことができます

各記事の末尾のucodeQR（二次元バーコード）を、スマートフォンやタブレットのQRリーダー機能でお読みください。読み取ったデータの中のインターネットURLに接続すると…

①スマートフォンで表示
②PC用記事URL表示・メール送信

という二つの選択肢が表示されます。

①を選ぶと…
スマートフォンで記事を読むことができます。

②を選ぶと…
PCでアクセスするためのURLが表示されますので、下記のいずれかの方法で閲覧できます。

- PCで受信できるメールアドレスを入力してURLを送信するためのボタンを押す。
- 右記のネット連動型記事ページにアクセスし、表示されているURLの末尾の数字8桁の英数字を入力する（この数字8桁は誌面のucodeQRの下にも記載されていますので、QRリーダーが使用できない場合はこちらをご利用ください）。

②の場合は、記事表示前に下記のパスワードの入力を求めることがありますので、アクセス時には本誌をお持ちください。

ネット連動型記事ページ

https://www.tronware.jp/ucode/

PCでの本号の詳細記事購読用パスワード

b5ndivzr

ネット連動記事は、本誌発売日（偶数月15日）よりご覧いただけます。

著作権について

読者アンケートのお願い

本誌では、読者の皆様のご意見を記事作りの参考にしたいと考えています。
取り上げるテーマのご希望やご意見をぜひお聞かせください。

ご回答はこちらから：

TRONWARE VOL. 212

発行日＝2025年4月20日
定　価＝（本体1200円＋税）
発行所＝パーソナルメディア株式会社
東京都品川区平塚2-6-13 マツモト・スバルビル
〒142-0051
電話 03-5749-4932
E-mail: 営業 pub@personal-media.co.jp
編集 tronware@personal-media.co.jp
印刷製本＝株式会社シナノ

編集長＝坂村 健
副編集長＝武藤 敏央
企画・編集＝山田 純・加茂 靖子
編集協力＝石川 千秋・柏 信行・青木 賢治
制　作＝本多 孝之・田代 安規子・関根 章裕
デザイン＝Ken Sakamura + SD²